JN119598

教科書を10倍に楽しもう！

～中学校数学編～

大澤 弘典

学校図書

目　次

教科書を10倍に楽しもう！ 〜中学校数学編〜

皆さん，こんにちは♪

　この本は，教科書を肴（さかな）にいい気分になっちゃおう，脳にいい汗をかこうという趣旨で書かれています。ついでに数学ネタなども，ちゃっかり手に入れようとする神をも恐れない欲張りな本です（笑）。

　日々の仕事等で何かと忙しい皆さんの心身のリフレッシュに，本書が多少なりとも貢献できれば嬉しいかぎりです。また，本書は主に中学校の数学の先生方を念頭に書かれていますが，中学生や高校生の皆さんも十分にチャレンジできる内容（全部で18話題）となっています。もちろん，これから教員になろうと考えている学生の皆さんや一般の方々にも，大いに楽しんでいただけます。

　筆者が教科書編集に係わる中で，「ちょっと，もったいないな」と感じることがあります。とても面白い題材や斬新なアイデアなのに，教科書のフレームでは取り扱いにくい，埋もれたままになっている場合です。本書は自由自在の気ままな立場から，それらの出番を待っている題材やアイデアを果敢に紹介していきます。どうぞ，皆さんの心ときめく話題から読み進めてくださいませ。

　最後になりましたが，本書の出版に際して編集長の小林雅人さんをはじめ学校図書の方々に大変お世話になりました。併せて，山形大学院生の田中結里安さん，山平亮太さん，太田亮さんに校正作業等でご協力いただきました。この場を借りてあらためて厚く御礼申し上げます。

2021年3月　　大澤 弘典

第 1 話

九九は覚えるもの⁉

　日本の小学校では，第2学年から「かけ算」を学びます。その学習過程で，「かけ算九九（九の段まで）」を覚えることになっています[注]。

かける数

	1	2	3	4	5	6	7	8	9	10	11	12
1	1	2	3	4	5	6	7	8	9			
2	2	4	6	8	10	12	14	16	18			
3	3	6	9	12	15	18	21	24	27			
4	4	8	12	16	20	24	28	32	36			
5	5	10	15	20	25	30	35	40	45			
6	6	12	18	24	30	36	42	48	54			
7	7	14	21	28	35	42	49	56	63			
8	8	16	24	32	40	48	56	64	72			
9	9	18	27	36	45	54	63	72	81			
10												
11												
12												

かけられる数

　九の段まで覚えておけば，2桁のかけ算などを暗記しなくても計算できる利点があります。しかしながら，世界は広いもので，かけ算九九を覚えなくても，かけ算できる方法が色々と考案されています。

（注）一松信ほか（2020）『みんなと学ぶ小学校算数2年下』，学校図書，p.140

1 指九九を楽しむ

　筆者は職業柄，中学校ばかりでなく小学校も訪問します。時には，朝会などの場面に出くわし，全校児童への挨拶（講話）を突然に頼まれることさえあります。当然ながら，挨拶の対象は上級生ばかりでなく，学校文化にまだ馴染んでいないピカピカの1年生もいます。天下無敵，元気いっぱいに弾けている彼らの興味や関心をも何とか引き付けながら，多少なりとも教育的に価値ある話をしなければなりません。

　A小学校の挨拶では，自爆覚悟で「みなさ〜ん，かけ算って，知っていますか〜あ，…」と，全校児童に投げかけてみました。その結果，1年生を含むほとんどの児童の手が挙がりました。かけ算は2年からの学習となりますが，1年生でも耳にしたことがあるのかもしれません。まあ，周りの友達につられて手を挙げているかもしれませんが（笑）。「変なオジサンが急に何を言い出すの？」との児童からの不思議そうな視線も省みず，早々に「指九九」の実演に移ります。ここで言う指九九の実演とは，例えば，「はっく，しちじゅうに」と発声しながら，次の図1−1のように指を使って表示するものです。

<図1−1：指を使った九九（8×9の場合）>

　児童に指九九の仕組みを見抜いてもらうため，実演の際，発声に合わせて指の位置を巧妙に動かします。図1−1を例に言えば，「しちじゅう〜」と発声しながら，立てた指同士（3と4）を近づけます。続いて，「に〜」と発声しながら，今度は折り曲げた指同士（2と1）を近づけます。挨拶の時間を気にしながらも，筆者は色々な場合（6以上同士のかけ算）についても実演し続けます。何度も繰り返すうちに，指九九での求め方を児童が気づき始めます。朝会に参加している先生方も巻き込み，感嘆のつぶやき声があちらこちらで洩れてきます。

　日本では小学校第2学年の算数の授業で，難行苦行を重ねて!?九の段まで覚えることになっています。誤解を恐れないで言えば，指九九を使えば6以上同士のかけ算を忘れてもよいことになります。なんと気楽で，素敵なことでしょう！

② 指九九の正しさを楽しむ

指九九は，現在でも世界の幾つかの地域で見られるそうです（池田，2002）。念のため指九九による求め方（手順）を確認しておきます。例えば 8×9 の場合，8 と 9 の 10 に対する補数を表すために，一方の手の指を 2 本，もう一方の手の指を 1 本折り曲げます^(注)。続いて，十の位の数を求めるために立てた指の本数をたします（3＋4＝7）。また一の位の数を求めるために折り曲げた指の本数をかけます（2×1＝2）。以上より，答え 72 を得ます。この指九九による求め方の正しさは，すべての場合をしらみつぶしに調べ上げれば確かめられます。

また，演繹的に証明しようとすれば，次のような文字式の利用による【証明Ⅰ】や【証明Ⅱ】などが考えられます。

【証明Ⅰ】

もとの数を m，n とおき，指九九による求め方にしたがえば，6 以上同士のかけ算は，

$$10\{(m-5)+(n-5)\}+(10-m)(10-n)$$

と表すことができる。この式を整理すると，

$$=10m+10n-100+100-10m-10n+mn$$
$$=mn$$

となり，もとの数 m と n のかけ算となっていることが分かる。

【証明Ⅱ】

立てた指の数を a，b とおき，指九九による求め方にしたがえば，6 以上同士のかけ算は，

$$10(a+b)+(5-a)(5-b)$$

と表すことができる。この式を整理すると，

$$=10a+10b+25-5a-5b+ab$$
$$=25+5a+5b+ab$$
$$=(5+a)(5+b)$$

となり，もとの数 $(5+a)$ と $(5+b)$ のかけ算となっていることが分かる。

【証明終】

また，指を使った計算は 10 を超えた自然数同士のかけ算でも利用可能です。例えば 11 ～ 15 まで同士のかけ算の場合は次のようになります。まず準備として，もとの数から 10 ひいた数だけ，それぞれ指を立てておきます。立てた指をたして十の位にします。また，立てた指をかけて一の位にします。最後に，100 をたせば求める答えとなります。この仕組みも，文字式を利用して証明できます。

（注）

8×9

7

3 「2倍」と「半分」だけで，かけ算できる

　前述 1 ～ 2 のように，指九九をそれなりに楽しむことができます。しかし，結局のところ指九九では1～5までの自然数同士のかけ算を覚えておく必要があります。覚えることを好まない筆者にとっては，何だかちょっと煩わしい感じです。「覚える量をもっと減らすことはできないものか」と思わずにはいられません。ところが世の中は広いものです。「所変われば品変わる」の格言通り，覚える量をグッと絞ってかけ算してしまうスゴイ方法があります。具体的な手順は次の通りです。

> ・最初に，被乗数を2倍，乗数を2で割り小数点以下を切り捨てます。
> ・続いて，この操作を乗数が1になるまで続けます。
> ・結果，乗数が奇数になるときの 被乗数 の和が答えとなります。

　例えば，かけ算 102×18 の答えは，次のように求めることができます。

$$102 \times 18 \quad \rightarrow \quad \boxed{204} \times \underline{9}$$
$$\rightarrow \quad 408 \times 4$$
$$\rightarrow \quad 816 \times 2$$
$$\rightarrow \quad \boxed{1632} \times \underline{1}$$

　結果，$102 \times 18 = \boxed{204} + \boxed{1632} = 1836$ を得ます。操作回数は増えますが，覚えるのは「2倍する」，「2で割る（半分にする）」と「たし算」だけです。ただ，操作の途中で小数点以下を切り捨てています。そんな荒っぽいことをして本当に正答を得られるのでしょうか。覚える量を削減できても，チョッピリ一抹の不安感も残ります。この不安を払拭するために，上掲の例での操作を等式であらためて捉え直してみます。

$$\begin{aligned} 102 \times 18 &= 204 \times 9 \\ &= 204 \times 8 + 204 \\ &= 408 \times 4 + 204 \\ &= 816 \times 2 + 204 \\ &= 1632 + 204 \\ &= 1836 \end{aligned}$$

　ここまで見せつけられては，「ユネスコの文化遺産に指定してもよいのでは…」と，感心してしまいます（笑）。

4 積み上げた1円玉の数を求める

　次の図1−2は，算数の教科書に見られる記述です[注]。実際に1円玉を積み上げるとは，なんと素晴らしい遊び心の溢れる活動でしょう。

（注）
一松信ほか (2020)
『みんなと学ぶ小学校算数2年下』，
学校図書，p.43

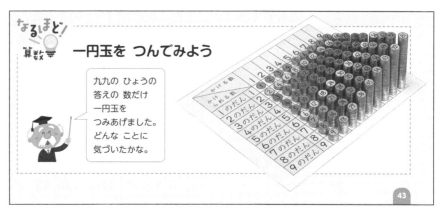

<図１−２：九九表の答えの数だけ積み上げた１円玉>

　図１−２を見せつけられて，「１円玉はぜんぶで何枚あるの？」と問い
を持つ児童も少なくないでしょう。図１−２における１円玉の総数は，積
み上った１円玉の数を１の段から順にたしていけば，

　　式①：$(1+2+\cdots+9)+(2+4+\cdots+18)+\cdots+(9+18+\cdots+81)$

で求められます。次の図１−３のように，表計算ソフトウェアを利用して
式①を計算すれば，１円玉の総数は 2025 枚になります。

	A	B	C	D	E	F	G	H	I	J
1										小計
2	1	2	3	4	5	6	7	8	9	45
3	2	4	6	8	10	12	14	16	18	90
4	3	6	9	12	15	18	21	24	27	135
5	4	8	12	16	20	24	28	32	36	180
6	5	10	15	20	25	30	35	40	45	225
7	6	12	18	24	30	36	42	48	54	270
8	7	14	21	28	35	42	49	56	63	315
9	8	16	24	32	40	48	56	64	72	360
10	9	18	27	36	45	54	63	72	81	405
11								1円玉の総数：		2025

J2 セル：$= \mathrm{SUM}\,(\mathrm{A2:I2})$

J11 セル：$= \mathrm{SUM}\,(\mathrm{J2:J10})$

<図１−３：九九表（図１−２）の１円玉の総数>

　手計算で式①を計算しようとすれば，けっこう面倒な作業となりますか
ら，工夫して計算したいところです。例えば式①を同値変形して，

$$(1+2+\cdots+9)+(2+4+\cdots+18)+\cdots+(9+18+\cdots+81)$$
$$=(1+2+\cdots+9)\times1+(1+2+\cdots+9)\times2+\cdots+(1+2+\cdots+9)\times9$$
$$=(1+2+\cdots+9)\times(1+2+\cdots+9) \quad :式①'$$
$$=2025（枚）$$

と計算できます。また，次の図1−4のように，1円玉を同じ高さに積み
かえれば，別な計算としても1円玉の総数を求めることができます。

九九表の表

1	2	3	4	5	6	7	8	9
2	4	6	8	10	12	14	16	18
3	6	9	12	15	18	21	24	27
4	8	12	16	20	24	28	32	36
5	10	15	20	25	30	35	40	45
6	12	18	24	30	36	42	48	54
7	14	21	28	35	42	49	56	63
8	16	24	32	40	48	56	64	72
9	18	27	36	45	54	63	72	81

中央の列の数に
積みかえる

5	5	5	5	5	5	5	5	5
10	10	10	10	10	10	10	10	10
15	15	15	15	15	15	15	15	15
20	20	20	20	20	20	20	20	20
25	25	25	25	25	25	25	25	25
30	30	30	30	30	30	30	30	30
35	35	35	35	35	35	35	35	35
40	40	40	40	40	40	40	40	40
45	45	45	45	45	45	45	45	45

中央の段の数25
に積みかえる

25	25	25	25	25	25	25	25	25
25	25	25	25	25	25	25	25	25
25	25	25	25	25	25	25	25	25
25	25	25	25	25	25	25	25	25
25	25	25	25	25	25	25	25	25
25	25	25	25	25	25	25	25	25
25	25	25	25	25	25	25	25	25
25	25	25	25	25	25	25	25	25
25	25	25	25	25	25	25	25	25

<図1−4：1円玉を同じ高さに積みかえる>

　図1−4より，1円玉の総数を求める式①は次のように変形できます。
高さを同じにする，つまり均して平均化すれば，かけ算を駆使できます。

$$(1+2+\cdots+9)+(2+4+\cdots+18)+\cdots+(9+18+\cdots+81)$$
$$=5\times9+10\times9+\cdots+45\times9 \quad\text{（中央の列に数を積みかえる）}$$
$$=(5+10+\cdots+45)\times9 \quad\text{（中央の段の数 25 に積みかえる）}$$
$$=25\times81$$
$$=2025\text{（枚）}$$

また，次の図 1－5 のように，L 字部分ごとに 1 円玉を対角線上に集めて積み上げれば，その小計がそれぞれ立方数になることを発見できます。

一般的に，かけ算 $n\times n$ 表における n 段目 L 字部分の 1 円玉の小計は，

$$n+n\times2+n\times3+\cdots+n(n-2)+n(n-1)+n^2+(n-1)n+(n-2)n+\cdots+2n+n$$
$$=2n\{1+2+\cdots+(n-1)\}+n^{2}\ ^{\text{(注)}}$$
$$=n^{3}\text{（枚）}$$

（注）
第 7 話参照
$1+2+\cdots+n$
$=\dfrac{n(n+1)}{2}$

と求められます。したがって，かけ算 $n\times n$ 表の 1 円玉の総数は，

$$1+8+27+\cdots+n^{3}\ (=1^{3}+2^{3}+\cdots+n^{3})\ \text{枚}$$

となります。ここで 9 ページの式①′ と考え合わせれば，整数のユニークな性質の一つである $1^{3}+2^{3}+\cdots+n^{3}=(1+2+\cdots+n)^{2}$ にたどり着きます。数学の自由性と奥深さを感じます。

かけ算 $n\times n$ 表
での 1 円玉の数

1	2	3	4	5	6	7	8	9	$\cdots$	n
2	4	6	8	10	12	14	16	18		$2n$
3	6	9	12	15	18	21	24	27		$3n$
4	8	12	16	20	24	28	32	36		$\vdots$
5	10	15	20	25	30	35	40	45		
6	12	18	24	30	36	42	48	54		
7	14	21	28	35	42	49	56	63		
8	16	24	32	40	48	56	64	72		
9	18	27	36	45	54	63	72	81		
$\vdots$										$\vdots$
n	$n\times2$	$n\times3$	$\cdots$						$\cdots$	n^2

1 円玉を対角線
上に積み上げる

1	0	0	0	0	0	0	0	0	$\cdots$	0
0	8	0	0	0	0	0	0	0		0
0	0	27	0	0	0	0	0	0		0
0	0	0	64	0	0	0	0	0		$\vdots$
0	0	0	0	125	0	0	0	0		
0	0	0	0	0	216	0	0	0		
0	0	0	0	0	0	343	0	0		
0	0	0	0	0	0	0	512	0		
0	0	0	0	0	0	0	0	729		
$\vdots$										$\vdots$
0	0	0	$\cdots$						$\cdots$	n^3

<図 1－5：1 円玉を対角線上に積み上げる>

11

年　　　組　　名前
_____

　次のような指を利用した手順にしたがえば，「11 ～ 15 までの自然数同士をかけ算できる」ことを証明しなさい。

・かけ算する 2 つの数からそれぞれ 10 をひき，残りの数だけ，それぞれ指を立てます。
・立てた指をたして十の位にします。
・立てた指をかけて一の位にします。
・最後に，100 をたせば求める答えとなります。

第2話

オイラー数を楽しもう！

次の図形で，

「頂点の数」－「辺の数」＋「面の数」＝？

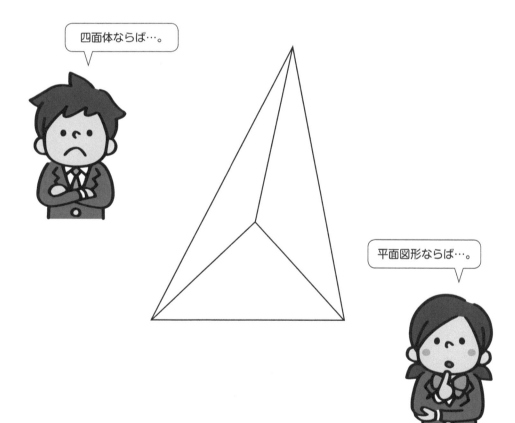

1 【ストローの問題】は鉄板問題です

中学校数学1年「文字式」の授業では，次の図2−1のような問題がよく取り上げられます[注1]。ここでは，【ストローの問題】と名付けておきます。この【ストローの問題】には答えの求め方が幾通りも内在しており，生徒の持つ多様な見方を活かした授業を展開しやすい良問です。ここだけの話，某教科書の編集会議で「別の問題に差し替えられないか」と検討を幾度となく重ねても，結局のところ【ストローの問題】にとって代わる良問をなかなか見出せないのが実情です（汗）。時世を踏まえて，「マッチ棒」を「ストロー」などへと素材の変更は行われていますが，問題の本質部分は不変のままです。【ストローの問題】は，中学校数学で長らく君臨し続ける鉄板問題の一つと言えます。

(注1)
池田敏和ほか
(2021)
『中学校数学1』,
学校図書, pp.66-67

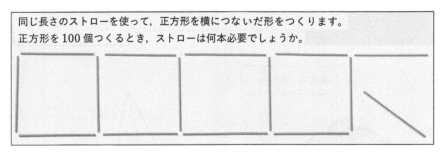

> 同じ長さのストローを使って，正方形を横につないだ形をつくります。
> 正方形を100個つくるとき，ストローは何本必要でしょうか。

<図2−1：【ストローの問題】>

2 オイラー数を楽しもう

【ストローの問題】にとって代われなくとも，【ストローの問題】をもとに，発展させたり探究したりする余地はあります。

上掲の図2−1では，ストローの総数（辺の数）を求める問題でしたが，ここでは，この【ストローの問題】をもとに，「点の数，辺の数，面の数」の関係を考えてみます[注2]。次の図2−2で，点の数t，辺の数s，面の数mについて，**オイラー数**などと呼ばれる「$t-s+m$」の値を調べてみると，次ページの表2−1のような結果となります。

(注2)
辺：点と点を結んだもの
面：辺で囲まれたもの

① ② ③

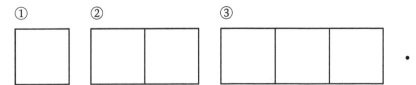

<図2−2：【ストローの問題】における「点の数，辺の数，面の数」の関係>

<表2−1：【ストローの問題】におけるオイラー数>

	点の数：t	辺の数：s	面の数：m	オイラー数：$t-s+m$
①	4	4	1	1
②	6	7	2	1
③	8	10	3	1

　表2−1より，平面図形のオイラー数は「1」であると予想できます。次の図2−3のように，図2−2①の正方形から辺を1本ずつ取り除きシンプルな図形に変形し続けても（最終的には1つの点になっても），それらの図形のオイラー数はいずれも「1」のままです。

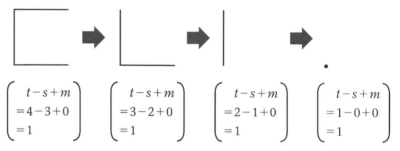

$$\left(\begin{array}{c} t-s+m \\ =4-3+0 \\ =1 \end{array} \right) \quad \left(\begin{array}{c} t-s+m \\ =3-2+0 \\ =1 \end{array} \right) \quad \left(\begin{array}{c} t-s+m \\ =2-1+0 \\ =1 \end{array} \right) \quad \left(\begin{array}{c} t-s+m \\ =1-0+0 \\ =1 \end{array} \right)$$

<図2−3：シンプルな平面図形のオイラー数>

　つまり，次の（ⅰ），（ⅱ）の通り，オイラー数は点や辺を付け加える変形によって変わることはありせん[注]。

（ⅰ）点の追加（辺上に1点を加える場合）

　　点の増加数「＋1」，辺の増加数「＋1」，面の増加数「±0」より，

　　オイラー数の変化：$1-1+0=0$

（ⅱ）辺の追加（2点を結び1辺を加える場合）

　　点の増加数「±0」，辺の増加数「＋1」，面の増加数「＋1」より，

　　オイラー数の変化：$0-1+1=0$

　試しに，次の図2−4（13ページの再掲図）でもオイラー数を確かめてみます。図2−4を平面図形と捉えれば，辺の長さや交わる角度によらず，

$$t-s+m =4-6+3$$
$$=1$$

となっています。

　一方で，図2−4を四面体と捉えた場合のオイラー数は，

$$t-s+m =4-6+4$$
$$=2$$

となります。

（注）

一般に，多面体のオイラー数は「2」であり，平面図形のオイラー数は「1」になります。例えば，「図2−4の四面体で，紙面上から突き出している中央付近の頂点を強引に紙面上まで押しつぶせば平面図形となる」と捉えれば，面の数が1つ減ることになります。その結果，平面図形のオイラー数は，立体である多面体のオイラー数より1少ない「1」になるという見方もできます。

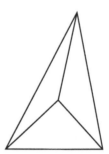

<図2−4：13ページの再掲図>

3　オイラーの多面体定理を楽しもう！

　前述のオイラー数に関して，教科書では次の図2−5のようにオイラーの多面体定理として紹介されています^(注)。図2−5から分かるように，オイラーの多面体定理（オイラー数）は，レオンハルト・オイラーという数学者の名前に由来します。定理名が人名に由来するということは，この多面体定理がオイラーのひときわ優れた貢献により発見された証です。併せて，数学上の極めて重要な定理であることを物語っています。

（注）
池田敏和ほか
(2021)
『中学校数学1』,
学校図書, p.229

役立つ数学　発展

オイラーの多面体定理

　多面体の頂点の数，辺の数，面の数の関係について，次のようなオイラーの多面体定理と呼ばれるものがあります。

　頂点の数をt，辺の数をs，面の数をmとすると，次の式が成り立ちます。

　　$t-s+m=2$

　いろいろな多面体で，確かめてみましょう。

　この定理の名前にあるレオンハルト・オイラー（1707〜1783）は，スイスの数学者で，数学のさまざまな分野で業績を残しています。

　オイラーの定理，オイラーの公式と呼ばれるものは，ほかにもたくさんあります。どんなものがあるか調べてみましょう。

レオンハルト・オイラー

<図2−5：オイラーの多面体定理>

オイラーの多面体定理を文字通り真に受ければ，平面だけで囲まれた立体に限った世界での定理（性質）のように思えます。しかし，本来はずっと広い世界で機能する大定理です。実際，次のようにオイラーの多面体定理を証明することができます。

【証明】

図2−6のように，球面上に1点を取り大円で分割した図形をBとすると，Bのオイラー数は，

$$t-s+m = 1-1+2$$
$$= 2 \quad \cdots ①$$

面 m

辺 s

頂点 t

面 m

<図2−6：Bのモデル図>

ここで，中学校で学習するすべての多面体は，Bに前述 **2** （ⅰ），（ⅱ）のように点や辺を付け加えることと，連続的な変形によって得ることができる[注]。したがって，①より，すべての多面体に対してオイラー数は「2」となる。

【証明終】

例えば，次の図形のオイラー数はいずれも「2」となります。

連続的な変形

（ⅰ）点の追加

（ⅱ）辺の追加

（ⅰ）点の追加

（ⅱ）辺の追加

連続的な変形

連続的な変形

（注）
連続的な変形：
伸ばしたり，縮めたり，曲げたり，膨らましたりする変形。

「数学は異なるものを同じとみなす技術である」
（ポワンカレ）

年　　　組　　名前
_____

　次の図のように，正方形を縦に m 個，横に n 個つなげて格子状の長方形をつくります。この長方形のオイラー数（「点の数」－「辺の数」＋「面の数」）は「1」になることを確かめなさい。

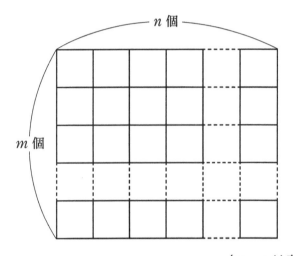

（m，n は自然数）

第 3 話

反比例グラフを楽しもう！

反比例のグラフは，本当に y 軸と交わらないの？

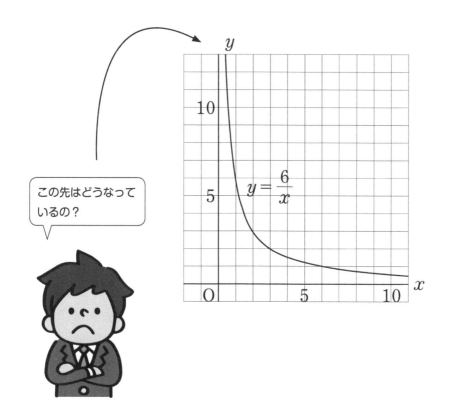

この先はどうなって
いるの？

$$y = \frac{6}{x}$$

1 反比例のグラフ $y = \dfrac{a}{x}$ を楽しもう

今回は，「反比例のグラフ（双曲線）」を楽しみます。反比例のグラフに関して，教科書では次の図3－1のように記述しています[注]。

（注）
池田敏和ほか
（2021）
『中学校数学1』，
学校図書, p.150

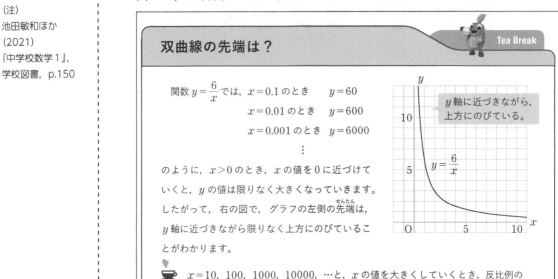

<図3－1：反比例のグラフの表示例（その1）>

図3－1の中で，「x の値を0に近づけていくと，…グラフの左側の先端は，y 軸に近づきながら限りなく上方にのびている…」と述べています。実際に電卓や表計算ソフトウェアなどを使って，$x = 0.1$，0.01，0.001…を調べていくと，y の値が限りなく大きくなっていくことを確かに実感できます。しかしながら，「グラフの左側の先端は y 軸に近づくところで留まるのか，それとも y 軸に交わってしまうのか」の判断は，なかなか下せないようにも感じます。「本当に y 軸に交わらないの？」の問いかけに，自信を持って答えるにはどのようにしたらよいでしょうか。

2 背理法の利用

前述の問いかけに答える手だての一つとして，背理法の利用が考えられます。現在の学習指導要領によれば，背理法は高等学校数学Iで学ぶことになっています。しかし，かつて現代化が叫ばれ論理教育が重視された昭和44年度から昭和50年度の期間には，中学校数学3年で背理法を指導した歴史的な経緯があります。それ以降の中学校数学の教科書においても，「$\sqrt{2}$ は無理数であることの証明」など，発展的な話題としてコラムなど

で取り上げられたりしています。ちなみに，背理法は高等学校の教科書（数研出版, p.57, 2012）で次のように定義されています。

「ある命題を証明するのに，その命題が成り立たないと仮定すると矛盾が導かれることを示し，そのことによってもとの命題が成り立つと結論する方法がある。この証明法を背理法という。」

前掲の図 3−1 のように，x の値 0.1，0.01，0.001，…について調べていくと言っても，結局のところ，有限の個数について確かめたにすぎません。いくら時間をかけても，x のすべての値について調べ尽くすことはできません。無限の場合を直接的に確かめることは不可能です。このような場合，命題 P を証明するためには，**P でないとすると矛盾する**という捉え方，つまり，背理法が有力な手立ての一つとなります。実際に背理法を利用して，次の【反比例のグラフ問題 1】を解いてみます。

【反比例のグラフ問題 1】
　反比例のグラフは，y 軸と交わらないことを証明しなさい。

【証明】
　一般的に反比例の式は，$y = \dfrac{a}{x}$（a は 0 でない定数），
　すなわち，$x \times y = a$　…①　と表すことができる。
　仮に，反比例①のグラフが y 軸と交わると仮定すると，$x = 0$ となる。
　ここで，①に $x = 0$ を代入して，
　　$0 \times y = a$ より，$a = 0$
　となるが，これは条件「a は 0 でない定数」に矛盾する。
　したがって，背理法により，反比例のグラフは y 軸と交わらない[注]。

【証明終】

（注）
同様に，反比例のグラフは x 軸と交わらないことも証明できる。

背理法は，意識の有無に関わらず現実社会でも利用されています。例えば，犯罪事件のアリバイ証明（現場不在証明）などの現実世界の問題解決に背理法の原理が反映されています。たいていの生徒はアリバイという文言を，TV ドラマや推理小説などを通して少なからず耳にしているでしょう。

アリバイ証明の典型的な例を挙げれば，次のようになります。

①：実行犯人ならば，犯行時刻に犯行現場 A にいなければならない。

②：捜査の結果，容疑者Oは犯行時刻に犯行現場 A から離れた場所 B にいたことが証明された。

よって，①，②より容疑者Oは実行犯人でない。…③

蛇足ながら，背理法による「①，②から③への証明」を示せば，次のよ

うになります。

【証明】

　仮に，「容疑者Oは実行犯人だ」と仮定する。このように仮定すると，同時に現場Aと場所Bに存在できないことから，容疑者Oが実行犯人であることに矛盾する。したがって，背理法より容疑者Oは実行犯人ではないと結論づけられる。

【証明終】

　上述のアリバイ証明の典型例からも示唆されるように，背理法は排中律を原理（前提）としています。排中律とは，端的に言えば「任意の命題（主張）Pは真か偽のいずれか一方だけが成り立つ」という原理です。言い換えれば，「PでありPでない」が同時に成り立つ（真）こともなし，同時に成り立たない（偽）こともないということです。少し大げさな話になってしまいましたが，多くの生徒は数学授業場面で排中律を暗に認めて活動しているように思います。例えば，答えが1つの計算問題に対して自分の答えと隣の生徒の答えとが一致していないとき，どちらか一方の答えが間違っていると検算するのが常でしょう。まあ，時には両者とも誤答であるという微笑ましい場合もありますが（笑）。

③　反比例のグラフは曲線か

　反比例のグラフに関して，教科書では次の図3－2のような記述も見られます[注]。

（注）
池田敏和ほか
（2021）
『中学校数学1』，
学校図書，p.149

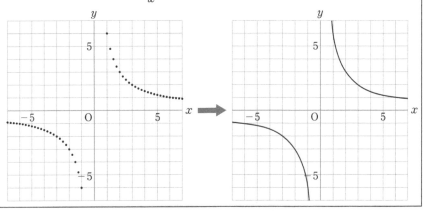

　左下の図のように，$y = \dfrac{6}{x}$ が成り立つ x，y の値の組を座標とする点をさらに多くとっていくと，点の集合は右下の図のような2つのなめらかな曲線になる。

　この曲線が，関数 $y = \dfrac{6}{x}$ のグラフである。

＜図3－2：反比例のグラフの表示例（その2）＞

　　上掲の図 3−2 で，反比例 $y = \dfrac{6}{x}$ のグラフは本当に曲線となるのか（もしかしたら，折れ線になるのではないか）。疑い深い筆者は，そのあたりの真偽も確かめたくなってしまいます。

　　ということで，早々に次の【反比例のグラフ問題 2】にチャレンジしてみます。

【反比例のグラフ問題 2】

　　反比例 $y = \dfrac{6}{x}$ のグラフは曲線であることを証明しなさい。

（反比例のグラフは折れ線にならないことを証明しなさい）

【証明】

背理法により，$y = \dfrac{6}{x}$ のグラフが折れ線にならないことを証明する。

$y = \dfrac{6}{x}$ のグラフが折れ線であると仮定し，$y = \dfrac{6}{x}$ 上で十分に近い異なる 2 点 $\mathrm{A}\left(a,\ \dfrac{6}{a}\right)$，$\mathrm{B}\left(b,\ \dfrac{6}{b}\right)$ を考える（ただし，$a \neq b$）。このとき，AB の中点 $\mathrm{M}\left(\{a+b\} \times \dfrac{1}{2},\left\{\dfrac{6}{a} + \dfrac{6}{b}\right\} \times \dfrac{1}{2}\right)$ もグラフ上の点なので，$xy = 6$ を満たす。

よって，$(a+b) \times \dfrac{1}{2} \times \left(\dfrac{6}{a} + \dfrac{6}{b}\right) \times \dfrac{1}{2} = 6$

この式を整理すると，

$$a^2 - 2ab + b^2 = 0$$
$$(a-b)^2 = 0$$

よって，$a = b$

したがって，$a \neq b$ に矛盾することから，背理法の考えより，$y = \dfrac{6}{x}$ のグラフは折れ線にならない。

【証明終】

　…背理法を本書の他の話題でもちょくちょく利用していきます。

　皆さん，どうぞ大いに楽しんでくださいませ！

年　　　組　　名前

「関数 $y = x^2$ のグラフは曲線である」ことを証明しなさい。

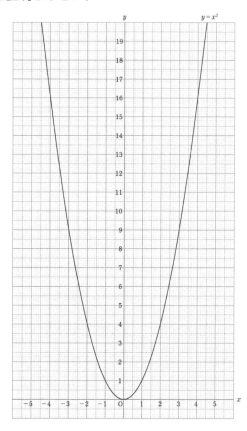

第4話

自己相似形場面を楽しもう！

　次の写真のように，身の回りにある「紙」を適当に組み合わせてみると，ピッタリと敷き詰めることができます。

　これは，単なる偶然なのでしょうか？

Ⅰ 「自己相似図形」から「自己相似場面」へ

　今回は，「自己相似図形（フラクタル図形）」を拡張的に捉えて，トランプゲームの「ババ抜き」を数学的に楽しみます。

　自己相似図形の特徴は，図形全体と図形の部分が相似になっていることです。そのような特徴は，数学の世界に限らず現実の世界でも見取ることができます。例えば，次の図4-1のような「紙」に係わる話題が教科書で取り上げられています[注1]。

（注1）
池田敏和ほか
（2021）
『中学校数学3』，
学校図書，p.65

　前ページの❶～❸で調べたことから，私たちがふだん使っているA判，B判の紙はすべて，2辺の長さの比が$1:\sqrt{2}$になっていることがわかる。

　また，右の図のように，B5判を2つ合わせたものがB4判であり，逆にB5判を2つ折りにしたものをB6判という。A判についても同様である。

$1:\sqrt{2}$ は，白銀比と呼ばれているよ。

関連 ▶ P.72

<図4-1：自己相似図形の例>

　紙の寸法についての国際規格では，A0サイズを縦841mm，横1189mmと決めています[注2]。以下，A0の形を維持しながら，A1はA0の半分の面積，A2はA1の半分の面積，…と順に定めています。それらA判の紙を順に敷き詰めてみると，次の図4-2のようになります。紙を無駄なく裁断し，より便利に使おうとする先人達の巧みなワザがしっかりと伝わってきます。この知恵を数学の授業にも活かせないでしょうか。

（注2）
0.841×1.189 ≒ 1，
A0判は「ほぼ面積
1m²」となっている。

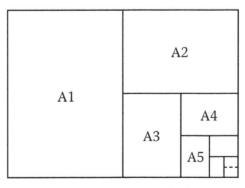

<図4-2：A判の紙による敷き詰め>

　自己相似図形に係わって，次の図４−３のような問題が教科書（文部省，1941）に取り上げられたことがあります。通常，算数の教科書でこのような無限に係わる内容を取り上げることは稀であり，とても意欲的な問題例と言えます。

<図４−３：自己相似図形に係わる教科書の問題例>

2 「ババ抜き」における自己相似場面

　一般的に，自己相似図形は図形を対象にしますが，ここでは，試しに対象を場面（状況）に拡げてみます。ある場面が元の場面と同一と捉えられるとき，それらの場面を「自己相似場面」と補足的に名付けておきます。自己相似場面の具体例の一つとして，ババ抜きの場面が考えられます。ババ抜きの場面は，大学入試問題としても取り上げられています[注]。中学校で取り上げる場合は，次の【ババ抜き問題】のような単純化した場面が適当でしょう。

（注）
京都大学（1995）
『後期入学試験
（理5)』

【ババ抜き問題】
ＡとＢの２人がトランプで「ババ抜き」をします。Ａは１枚のカードを持ち，Ｂは２枚のカードを持っています。最初に，手持ちのカードの少ないＡがＢのカードを引きます。そこで勝負がつかない場合，逆にＢがＡのカードを引きます。勝負が決まるまで，ＡとＢは順繰りに交互にカードを引き合います。
Ａ，Ｂが勝つ確率をそれぞれ求めなさい。

　【ババ抜き問題】で，例えばプレーヤーＡがK(キング)のカード，プレーヤーＢがKとJ(ジョーカー)のカードを持っている場合を，次の

図4－4のような樹形図で表現できます。図4－4から分かるように，先手のAがJを引き，続いてBもJを引いたならば，再びゲーム開始の場面と同一とみなすことができます（「実線の囲み部分」と「点線の囲み部分」が同一）。つまり，【ババ抜き問題】の場面は自己相似場面の一つの具体例と言えます。

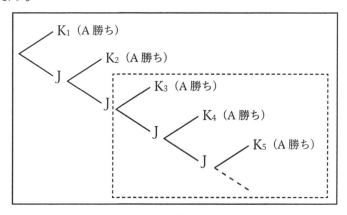

<図4－4：【ババ抜き問題】の樹形図による捉え>

3 「ババ抜き」で勝つ確率

前掲の【ババ抜き問題】の解法は，色々と考えられます。例えば，数式を用いて次のように解くことができます。プレーヤーAの勝つ確率を$P(\mathrm{A})$とおくと，

$$P(\mathrm{A}) = \frac{1}{2} + \left(\frac{1}{2}\right)^3 + \left(\frac{1}{2}\right)^5 + \cdots \quad ①$$

$$P(\mathrm{B}) = \left(\frac{1}{2}\right)^2 + \left(\frac{1}{2}\right)^4 + \left(\frac{1}{2}\right)^6 + \cdots \quad ②$$

式①，②から，$P(\mathrm{B}) \times 2 = P(\mathrm{A})$であり，一方で，$P(\mathrm{A}) + P(\mathrm{B}) = 1$ですから，

$$P(\mathrm{A}) = \frac{2}{3}, \ P(\mathrm{B}) = \frac{1}{3}$$

となります。

また，別な解決アプローチとして，

$$P(\mathrm{A}) = \frac{1}{2} + \frac{1}{2} \times \frac{1}{2} \times P(\mathrm{A})$$

などの式をもとに，A，Bの勝つ確率を求めることもできます。しかしながら，これらの数式による問題解決は中学生にとってかなり難解であり，何がしかの工夫が必要となります。ここで強い味方となるのが，前掲の図4－2のような自己相似図形を敷き詰めた図です。図4－2を【ババ抜き問題】で捉え直せば，次の図4－5のようになります。図4－5で大枠の長方形と網掛部分の面積との視覚的な比較から，Aの勝つ確率は少なくと

も $\frac{1}{2}$ より大きいことを把握しやすくなります。さらには，

「A が K₁ を引く確率」：「B が K₂ を引く確率」，

「A が K₃ を引く確率」：「B が K₄ を引く確率」，

「A が K₅ を引く確率」：「B が K₆ を引く確率」，

…と，対（ペア）で捉えた長方形の面積の比はいずれも 2：1 であることから，「A の勝つ確率」：「B の勝つ確率」＝2：1 と理解することも可能です。

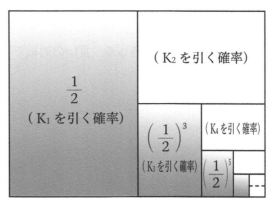

<図 4 － 5：【ババ抜き問題】の視覚的な捉え>

4　「ババ抜き」を実際にやってみると…

前述 **3** のように，A，B の勝つ確率はそれぞれ $\frac{2}{3}$，$\frac{1}{3}$ になります。別な言い方をすれば，A の勝つ確率は B の勝つ確率の 2 倍であり，最初にババを持っていない A の方が断然に有利です。しかし，生徒の中には A と B の勝つ確率はそれぞれ等しく $\frac{1}{2}$ と素朴に捉えている者も少なくないでしょう。そのような誤概念を抱く生徒を想定し，実験授業では実際に【ババ抜き問題】を試行してみました[注]。合計 90 回の試行の結果，A が勝ったのは 61 回でした $\left(\frac{2}{3}\ \text{にほぼ等しい}\right)$。このような試行は手間がかかる作業ですが，課題解決の必然性（学習価値）を大いに高めます。「A の勝つ確率は $\frac{1}{2}$ よりも大きいと言えるか」などの生徒からの問いを生み出す契機となります。

樹形図，数式処理，自己相似図形の敷き詰め，ババ抜きの試行等の活動を通して，上述のような生徒の誤概念等の修正を図っていくことは，数学の有用性を感得させる一つのよい機会となりうると考えます。

（注）
対象：公立 Y 中学校 3 年生
実施日：2017 年 7 月 4 日

年　　　組　　名前

_____

　3人の力士A，B，Cが巴戦を行います ^(注)。最初に力士AとBが対戦し，その勝者が力士Cと対戦します。このように対戦の勝者が次の対戦待ちの力士と続けて対戦することを繰り返し，連勝した力士が優勝となります。この巴戦で，3人の力士が優勝する確率をそれぞれ求めなさい。

　ただし，3人の力士の実力は等しく，互いの対戦では $\frac{1}{2}$ の確率で勝つものとします。

優勝する確率は，
それぞれ $\frac{1}{3}$!?

（注）　3人による巴戦：誰か1人が他の2人に続けて勝つまで順番に戦う方法
　　　　　大相撲の優勝決定戦などで採用

第 5 話

正方形分割を楽しもう！

なんと，みごとな正方形の集まりでしょう！
数学は，まさにアート（芸術）です!!

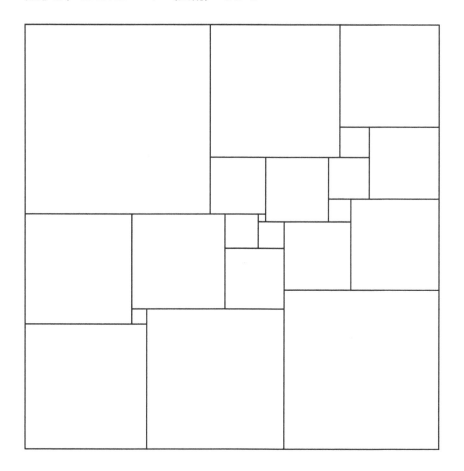

…このアートに，先人はどのようにたどり着いたのでしょうか？

今回は第4話のきっかけとなった自己相似図形に関して，とりわけ正方形にこだわりながら別の角度から楽しみます。

20世紀初頭，「正方形を，すべて異なる複数の正方形に分割する」ことは不可能と考えられていたようです[注]。一方で，次の図5－1のように，「長方形（縦の長さ33，横の長さ32）を，異なる9個の正方形に分割できる」ことは発見されていたようです。

（注）
デュードニー
(2009)『カンタベリーパズル』，
ちくま学芸文庫

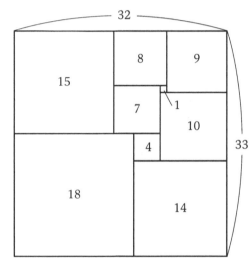

<図5－1：長方形（縦33，横32）の正方形分割>

先人は，どのように図5－1の長方形を発見し，正方形による分割を成し得たのでしょうか。例えば，以下のような方法が考えられます。

次の図5－2のように，まず長方形を長方形に分割した図を適当にデザインします。続いて，分割された各長方形を正方形と仮定し（見なし），この仮定のもとで，各正方形の1辺の長さを相対的に求めていきます。

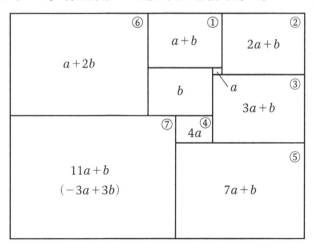

<図5－2：長方形の正方形分割方法>

　図5−2では，中央付近に隣接する2つの小さい正方形の1辺の長さをそれぞれ a，b とおき，他の正方形の1辺の長さを①〜⑦の順で求めています。

　ここで，⑦の正方形の1辺の長さは，④＋⑤より，$11a+b$ …⑦′

　また，②＋①＋⑥−③−④より，$-3a+3b$ …⑦″

とも表すことができます。よって，⑦′と⑦″より，

$$11a+b = -3a+3b$$
$$7a = b$$

　したがって，$a:b=1:7$ であることから，例えば，$a=1$，$b=7$ を図5−2の①〜⑦の文字式にそれぞれ代入すれば，図5−1の数値を得ることができます。以上の方法を用いれば，縦の長さ33，横の長さ32の長方形の他にも，正方形分割できる長方形を見つけることができます。

2 正方形分割の教材化

⑴ 加減の計算練習ワークシート

　長方形ではなく「正方形を，すべて異なる複数の正方形に分割する」を発見するまでに，相当な年月を要しています。実際，31ページで掲げた正方形分割の図は，1978年にデュジヴェスティンがコンピュータを使い発見したものです。分割された各正方形（計21個）の1辺の具体的な数値を表示すると，次の図5−3のようになります。

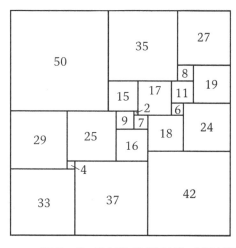

<図5−3：正方形（1辺112）の正方形分割>

　図5−3をアレンジすれば，算数・数学の題材を色々と考案できそうです。試しに，分割された各正方形の1辺の長さの情報数を減らしてみます。次の図5−4では，各辺の長さの情報数を21個から4個へ減らしています。

（注）
対象：公立 M 小学
校 6 年生
実施日：2020 年
9 月 25 日

空白となっている各正方形（計 17 個）の 1 辺の長さを求める「小学生向き数パズル？」の出来上がりです。実際に小学校で実践してみると，多くの児童が熱中し，すべての児童が正解に至りました^{（注）}。

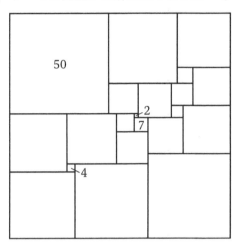

<図 5 － 4：加減計算の数パズル例>

⑵ 1 次方程式の題材

前掲の図 5－4 で情報数をさらに減らせば，中学校数学における 1 次方程式や連立方程式などの題材になります。例えば，次の図 5－5 は，図 5－4 で左上にある正方形の数値情報（1 辺の長さ 50）をカットし，その 1 辺の長さを未知数 a としています。図 5－5 で a の値を求めようとすれば，1 次方程式の課題となります。

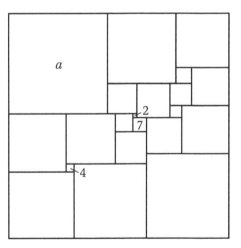

<図 5 － 5：1 次方程式の課題例（掲示用）>

図 5－5 で空白となっている各正方形の 1 辺の長さをそれぞれ文字式で表せば，次の図 5－6 のようになります。ここで，大枠の正方形にお

ける縦の長さと横の長さは等しいことより，$a+29+33=a+11a-515+7a-323$ などの関係式を得られます^(注)。この 1 次方程式を解くと，$a=50$ となります。この $a=50$ を図 5-6 の各正方形の文字式に代入し数値計算していくと，結果として，前掲の図 5-3 の完成図にたどり着きます。

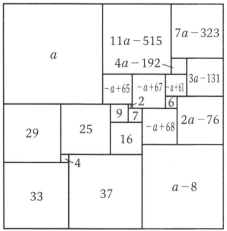

<図 5-6：1 次方程式の課題例（解決課程例）>

⑶　連立方程式の題材

　次の図 5-7 のように，前掲図 5-5 の正方形分割で数値情報の数をさらに 1 つ減らして未知数 b を増やせば，連立方程式の課題となります。

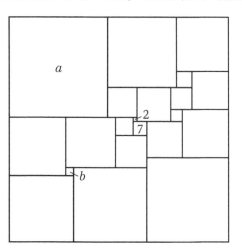

<図 5-7：連立方程式の課題例（掲示用）>

　次の図 5-8 では，中央付近で隣接する 2 つの正方形の 1 辺の長さ 2，7 を手掛かりに，他の正方形の 1 辺の長さを①〜⑰の順で求めています。

　大枠の正方形の 1 辺に注目すれば，

　　（⑦ + ④ + ⑤）=（⑦ + ⑨ + ⑱）より，

$$a+(b+25)+(2b+25)=a+(2a-b-61)+(22a-77b-765)$$

この関係式を整理すると，

$$8a-27b-292=0 \quad \cdots（ア）$$

また，例えば網掛けの正方形の1辺に注目すれば，

$$(2+⑧)=\{7+⑫-(2+⑭)\} より，$$

$$2+(-a+b+61)=7+(-a+5b+48)-(2+3a-12b-96)$$

この関係式を整理すると，

$$3a-16b-86=0 \quad \cdots（イ）$$

ここで，（ア），（イ）を連立して解けば，$a=50$，$b=4$ となります。この $a=50$，$b=4$ を，図5-8の各正方形の文字式に代入し数値計算すれば，図5-3の完成図にたどり着きます。

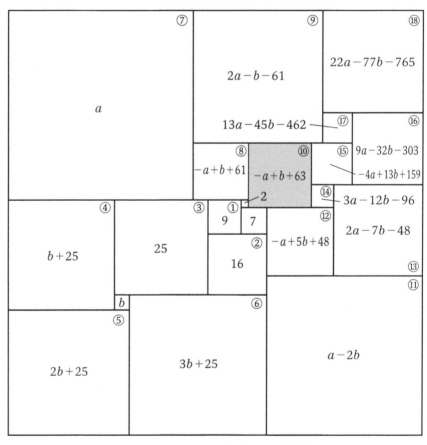

<図5-8：連立方程式の課題例（解決課程例）>

年　　組　　名前

　次の図のように，大枠の正方形を異なる正方形に分割します。図中の a，b，c，7 は それぞれ分割した正方形の1辺の長さを表しています。a，b，c の長さを求めなさい。

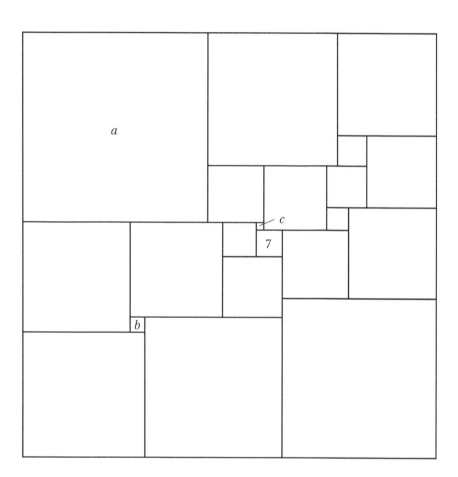

年　　　組　名前

次の図のように，長方形 ABCD を異なる正方形 11 個に分割するとき，各正方形の 1 辺の長さをそれぞれ求めなさい。

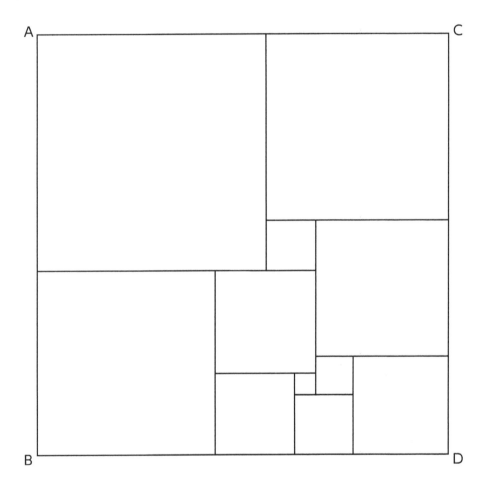

第 6 話

魔方陣を楽しもう！

次の写真（壁面）をよく見てください。

「4 × 4」枚の正方形を取り出し，絵柄の正方形に適当な数を入れてみると，どれも縦，横，斜めの 4 つの数の和が 34 になっています[注]。

（注）緑町センター（東京都小金井市）

I 魔方陣をアレンジして楽しむ

　今回は,「魔方陣」を手始めにオリンピックまで話題を広げてみます。魔方陣とは「正方形を縦, 横ともに同数のマス目に分け, そのマス目に異なる数を入れて, 縦, 横, 斜めの和が, それぞれ等しくなるようにしたもの」です。ちなみに, 魔方陣でなく「魔法陣」と言えば, 架空の（？）魔術で用いられる紋様や文字で構成された図やそれらによって区切られる空間等を指すようです。魔方陣もけっこう神秘的ですが, 怪しげな魔法陣にむやみに人間が係わるのは危険です（笑）。次の図6−1のように, 教科書では, 魔方陣を正負の数などの学習にからめた問題として取り上げる場合が多いようです[注]。

（注）
池田敏和ほか
（2021）
『中学校数学1』,
学校図書, p.279

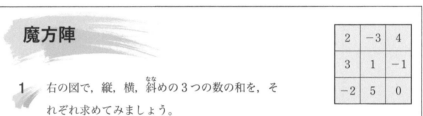

2	−3	4
3	1	−1
−2	5	0

魔方陣

1 　右の図で, 縦, 横, 斜めの3つの数の和を, それぞれ求めてみましょう。

<図6−1：教科書に見られる魔方陣の課題例>

　図6−1の課題を参考に魔方陣をシンプルにアレンジすれば, 例えば次のようなオープンエンドな課題を考案できます。

【課題6-1】
−3, −2, −1, 0, 1の数が1つずつあります。
縦と横の数の和が等しくなるように, □にこれらの
数を当てはめられますか？

　【課題6−1】の解答例として, 次のような解答が想定されます。これらの解答を注意深く検討してみると, 「中央の□に −2や0を当てはめることはできない!?」と予想できます。「どうして, 中央の□に −2を当てはめることができないのか」など, 新たな探究の契機となるでしょう。

	0	
−3	−1	1
	−2	

	1	
−1	−3	0
	−2	

	−1	
−3	1	0
	−2	

また，図6−1の魔方陣をもう少し華やかにアレンジして，次の図6−2のような【五輪問題】を楽しむこともできます。

【五輪問題】

次の図6-2のような5つのリング（五輪）があります。−3，−2，−1，0，1，2，3，4，5の9つの整数を a，b，c，d，e，f，g，h，i のどこかに1つずつ当てはめて，どのリング内の数の和も等しくすることは可能ですか。

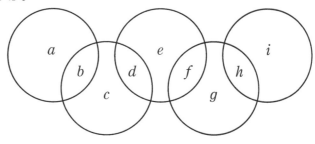

<図6−2：魔方陣をアレンジした五輪問題>

2　各リング内の数の和を仮定して考える

　−3から5までの整数を，直感で $a \sim i$ に当てはめ答えを探しまくっても，それなりの計算練習になるでしょう。しかし，そのような強引な作業によらないで，もっと手際よく解決する手立てはないものでしょうか。

　仮に，5つのリングを重なりなく捉えれば，−3から5までの整数の和は9ですから，1リング内の数の和は $9 \div 5 = \underset{\sim}{1.8}$ 見当となります。しかし，実際の五輪問題では b，d，f，h の部分をダブルカウントしているので，各リング内の数の和は $\underset{\sim}{1.8}$ ではなく，何がしかのズレを生じているはずです。

(1)　各リング内の数の和が「1」の場合

　試しに，各リング内の数の和を「1」と仮定した場合はどうなるか，探究してみます。

　　$a+b+c+d+e+f+g+h+i=9$ より，

　　$(a+b)+(d+e+f)+(h+i)+c+g=9$

　　（1リング内の和）$\times 3+c+g=9$

　　$1 \times 3+c+g=9$　　$\therefore c+g=6$

　よって，$\{c, g\}=\{1, 5\}$，$\{2, 4\}$ と取りうる数を絞り込むことができます。

①$(c, g)=(1, 5)$ の場合

　　$f+g+h=1$ より，

　　$f+5+h=1$　　$\therefore f+h=-4$

（注）
$\{f, h\} = \{-3, -1\}$

$\updownarrow$

$f = -1, h = -3$
または
$f = -3, h = -1$
の意味

よって，$\{f, h\} = \{-3, -1\}$ と絞り込めて，$f = -1$，$h = -3$ の場合が適合すると分かります [注]。また，図6-2の五輪は線対称ですから，$(c, g) = (5, 1)$ の場合も OK です。

② $(c, g) = (2, 4)$ の場合

$f + g + h = 1$ より，

$f + 4 + h = 1$　　$\therefore f + h = -3$

よって，$\{f, h\} = \{-3, 0\}$，$\{-2, -1\}$ と絞り込めますが，$(f, h) = (-3, 0)$，$(0, -3)$，$(-2, -1)$，$(-1, -2)$ のいずれの場合も適さないと確認できます。以上のことから，各リング内の和が「1」の場合について，次の表6-1のような解を得ることができます。

<表6-1：各リング内の和が「1」の場合>

(c, g)	$(a, b, c, d, e, f, g, h, i)$
$(1, 5)$	$(3, -2, 1, 2, 0, -1, 5, -3, 4)$
$(5, 1)$	$(4, -3, 5, -1, 0, 2, 1, -2, 3)$

⑵　各リング内の数の和が「2」の場合

次に，各リング内の数の和を「2」と仮定した場合も考えてみます。

（1リング内の和）$\times 3 + c + g = 9$ より，

$2 \times 3 + c + g = 9$　　$\therefore c + g = 3$

よって，$\{c, g\} = \{-2, 5\}$，$\{-1, 4\}$，$\{0, 3\}$，$\{1, 2\}$ と絞り込めます。これらを手掛かりに，ちょっと手間がかかりますが，次の表6-2のような解にたどり着きます。

<表6-2：各リング内の和が「2」の場合>

(c, g)	$(a, b, c, d, e, f, g, h, i)$
$(-2, 5)$	$(-1, 3, -2, 1, 4, -3, 5, 0, 2)$
$(5, -2)$	$(2, 0, 5, -3, 4, 1, -2, 3, -1)$
$(-1, 4)$	$(2, 0, -1, 3, -2, 1, 4, -3, 5)$
$(4, -1)$	$(5, -3, 4, 1, -2, 3, -1, 0, 2)$

⑶　各リング内の数の和が「3」の場合

五輪問題の解はまだまだありそうな気配であり，なかなか気を抜けません。引き続き，各リング内の数の和を「3」と仮定した場合も確かめてみます。

（1リング内の和）$\times 3 + c + g = 9$ より，

$3 \times 3 + c + g = 9$　　$\therefore c + g = 0$

よって，$\{c, g\} = \{-3, 3\}$，$\{-2, 2\}$，$\{-1, 1\}$ と絞り込めます。結果として，次のような解を得られます（表6-3）。

<表6－3：各リング内の和が「3」の場合>

(c, g)	$(a, b, c, d, e, f, g, h, i)$
$(-2, 2)$	$(3, 0, -2, 5, 1, -3, 2, 4, -1)$
$(2, -2)$	$(-1, 4, 2, -3, 1, 5, -2, 0, 3)$
$(-1, 1)$	$(3, 0, -1, 4, 2, -3, 1, 5, -2)$
$(1, -1)$	$(-2, 5, 1, -3, 2, 4, -1, 0, 3)$

3 「五輪問題」のすべての解を求める

　前述の表6－1〜表6－3から，五輪問題には少なくとも10通り（実質5通り？）の解があると分かりますが，解は他にもあるのでしょうか？

　各リング内の和が「1」，「2」，「3」の場合で解を持つことから，対象を広げて「0」や「4」などが各リング内の和になる場合を検討してみましょう。次の表6－4のように，各リング内の和が「0」の場合，$c+g=9$より，$\{c, g\}=\{4, 5\}$に限られて解がないと確認できます。また，各リング内の和が「4」の場合，$c+g=-3$より，$\{c, g\}=\{-3, 0\}$，$\{-2, -1\}$に絞られて解がないと分かります。さらに，各リング内の和が「−1」の場合，$c+g=12$となる$\{c, g\}$は見当たらず（空集合∅），適する解もありません。同様に，各リング内の和が「5」の場合も解はありません。結局，各リング内の和が−1以下または5以上の場合，解は存在しません。五輪問題の解は10通りに限られます。

<表6－4：すべての解の吟味>

1リング内の和	$c+g$	$\{c, g\}$	解の有無
−1以下	12以上	∅	なし
0	9	$\{4, 5\}$	なし
1	6	$\{1, 5\}$	有（表6－1）
		$\{2, 4\}$	なし
2	3	$\{-2, 5\}$，$\{-1, 4\}$	有（表6－2）
		$\{0, 3\}$，$\{1, 2\}$	なし
3	0	$\{-2, 2\}$，$\{-1, 1\}$	有（表6－3）
		$\{-3, 3\}$	なし
4	−3	$\{-3, 0\}$，$\{-2, -1\}$	なし
5以上	−6以下	∅	なし

　…強敵の「五輪問題」に執念深く食らいつき，念願の金メダルを勝ち得た気分です（笑）。

年　　　組　　名前

前掲の図6-2の「五輪問題」で，条件を－4から4までの整数に変更しても解は存在するでしょうか？

第7話

連続数の和を楽しもう！

$1 + 2 + 3 + \cdots + 100 = ?$

　ガウスが少年の頃，「1から100までの数をすべてたしなさい」という問題をたちどころに解き，担任の先生を驚かせたそうです。電卓やコンピュータのない時代，ガウスはどのように解決したのでしょうか[(注)]。

　カール・フリードリヒ・ガウス（Carl Friedrich Gauss，1777年〜1855年）は，ドイツの数学者・天文学者であり，様々な分野で多大な業績を残しています。ガウス平面，ガウス記号などの数学用語は彼に由来しています。また，彼を記念したガウス賞が，4年ごとに開催される国際数学者会議（ICM）において，社会の技術的発展と日常生活に対して優れた数学的貢献をした研究者に授与されています。

ガウスの肖像画（ドイツ，1993年発行の10マルク紙幣）

（注）　$1+2+\cdots+99+100$　…①
　　　　$100+99+\cdots+2+1$　…②
　　　　①＋②より，$\underbrace{101+101+\cdots+101}_{100 個}$
　　　　よって，$101 \times 100 \div 2 = 5050$

1 連続数の和を楽しもう！

　今回は,「連続する整数（連続数）の和」に係わる話題です。とりあえず,連続数の和が教科書でどのように取り扱われているのか，ちょっと眺めてみましょう（図7−1[注]）。

（注）
池田敏和ほか
（2021）
『中学校数学 2』,
学校図書, p.26

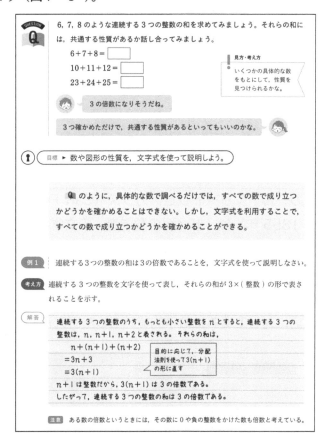

<図7−1：連続数の和に係わる教科書の記述例>

　教科書の限られた紙面のせいでしょうか，筆者にはチョッピリ物足りない感じがします。もっと一般化を図ったり，別の取り扱いをしてみたり，柔軟に色々と楽しめそうです。

2 一般化を楽しむ!!

　連続する2つ以上の整数の和にどのような特徴があるのか，連続数の個数（奇数個，偶数個）に留意して一般化してみます。

　連続数が5個の場合（例1：4＋5＋6＋7＋8＝30），前掲の図7−1と同様にその和は「連続数の個数5の倍数」であり，「中央の数（例1では6）の5倍」とも言えます。一般に連続数が奇数個 $2n+1$（n は自然数）の場合，その和は中央の数を m（整数）とおくと，

$$(\underline{m-n})+(m-n+1)+\cdots+(\underline{m-1})+m+(\underline{m+1})+\cdots+(\underline{m+n})$$

ここで，中央の数 m を除いて両端の数から順にペアを作り整理すれば，

$$=(\underline{m-n+m+n})+(m-n+1+m+n-1)+\cdots+(\underline{m-1+m+1})+m$$
$$=\underline{2m+2m+2m+\cdots+2m}+m$$
$$=m\times(2n+1)\qquad\qquad n \,\text{個}$$

となります。結果，連続数が奇数個 $2n+1$ の場合，その和は「連続数の個数 $2n+1$ の倍数」であり，「中央の数 m の倍数」とも言えます。

以上のように，連続数が奇数個の場合，その和は中央の数を境目に均して捉えることができます。

一方で，偶数個の場合の和は，境目となる中央の数を定められないため，以下のように様相がかなり異なってきます。

連続数が 4 個の場合（例 2：$3+4+5+6=18$），その和は 4 の倍数とはならず 2 の倍数（連続数の個数の半分）になってしまいます。一般に連続数が偶数個 $2n$ の場合，その和は一番小さい数を a（整数）とおくと，

$$\underline{a}+(a+1)+\cdots+(\underline{a+n-1})+(\underline{a+n})+\cdots+(\underline{a+2n-1})$$
$$=(\underline{a+a+2n-1})+(a+1+a+2n-2)+\cdots+(\underline{a+n-1+a+n})$$
$$=\{a+(a+2n-1)\}\times n \quad\cdots\text{式①}$$
$$=\{2(a+n)-1)\}\times n \quad\cdots\text{式②}$$

となります。結果，連続数が偶数個 $2n$ の場合，式①より，その和は「連続数の個数の半分 n の倍数」であり，「初項 a と末項 $a+2n-1$ の和の倍数」とも言えます。蛇足ながら，式②で $a+n\neq1$ ならば，和は「奇数の倍数」になるとも解釈できます。

3　すべての整数を連続数の和で表せる !?

ここで，ちょっと悪乗りして教科書の記述を逆向き的に扱い，整数を連続数の和で表すことを考えてみます。具体的には，次に掲げる【連続数の問題】へのチャレンジです。

【連続数の問題】
18 を連続数の和で表せますか？

前掲の例 2 でも示したように，$3+4+5+6 \Rightarrow 18$ は簡単に落手できますが，$18 \Rightarrow 3+4+5+6$ には易々とたどり着くことができません。ここでの感覚は，かけ算と素因数分解の関係などに似ているようにも思います。例えば，素数 83，89，97 の積は $83\times89\times97 \Rightarrow 716539$ と電卓を片手に数秒で求められますが，逆に 716539 を素因数分解して

$716539 \Rightarrow 83 \times 89 \times 97$ を見出すのは手間のかかる難儀な作業でしょう。天邪鬼の筆者からすれば，「難儀だからこそ，つけ入るチャンスだ」と言いたいところです（笑）。

　話が脱線してしまいましたが，仮に対象となる整数が奇数ならば，連続する 2 つの整数の和で表すことが少なくともできます。例えば，$5＝2＋3$，$9＝4＋5$ という具合です。一般的に奇数 $2m＋1$ に対して，$2m＋1＝m＋(m＋1)$ と捉えられます。

　一方で，対象となる整数が偶数の場合は，連続する 2 つの整数の和で表すことができません（連続する 2 つの整数の和は奇数）。言い換えれば，仮に偶数が連続数の和で表せるとしたならば，それは 3 つ以上の個数からなる連続数の和にならざるを得ません。

　例えば，偶数の 6 を対象に考えてみると，

$$6 ＝ 2 \times 3$$
$$＝ 2 + \boxed{2} + 2$$
$$＝ (2-1) + \boxed{2} + (2+1)$$
$$＝ 1 + 2 + 3$$

となります。要するに，6 を同じ数 2 が奇数個（3 個）で加法的に構成されていると捉えれば，$\boxed{2}$ を中央の数と見立てて連続数の和へと式変形できます。ここで，慌てて $6＝3＋3$ などと偶数個（2 個）の和で捉えてしまっては，中央の数を定められずフリーズ（活動停止）に落ち入ってしまいそうです。以上の検討を踏まえながら【連続数の問題】を解いてみると，次のような解法 1 や解法 2 などを想定できます。

【解法 1】
$$18 ＝ 6 \times 3$$
$$＝ 6 + 6 + 6$$
$$＝ 5 + 6 + 7$$

【解法 2】
$$18 ＝ 2 \times 9$$
$$＝ 2+2+2+2+2+2+2+2+2$$
$$＝ (-2)+(-1)+0+1+2+3+4+5+6$$
$$＝ 3+4+5+6$$

　これらの【解法 1】や【解法 2】などから窺えるように，本解決過程は単に文字式の利用に留まらず，既習の様々な数学的知識・技能，数学的見方や考え方を活かせそうです。例えば，$18＝2 \times 3 \times 3$ の素因数分解を利用すれば，複数ある【連続数の問題】の解に気づき易くなります。また，【解法 2】のように正負の数の知識を活かす場面もありますし，式変形の所々で平均の見方などを改めて深める機会にもなります。解が全部で何通りあるのか，場合の数に焦点を当てた問題設定も可能です。俯瞰して価値づけ

れば，高校で学ぶ等差数列に係わる素地的な活動としても有意義であると言えるのではないでしょうか。

　さらに探究活動を進めれば，「すべての整数を連続数の和で表せるわけではない」ように思えてきます。例えば，$4(=2^2)$，$8(=2^3)$ などの「2^n で構成される整数を連続数の和で表すことは自然数の範囲では不可能」です。このことを背理法で証明すると，次のようになります。

【証明】

「2^n で構成される整数を連続数の和で表すことは自然数の範囲では可能である」と仮定する。その和の一番小さい数を a（整数）とし，p 個の連続数の和で 2^n を構成できることから，

$$a+(a+1)+\cdots+(a+p-2)+(a+p-1)=\underbrace{2\times2\times\cdots\times2}_{n\text{ 個}} \quad \cdots③$$

とかける。

　次に，式③の左辺を逆向きに並べ替えると，

$$(a+p-1)+(a+p-2)+\cdots+(a+1)+a=\underbrace{2\times2\times\cdots\times2}_{n\text{ 個}} \quad \cdots④$$

となる。

　ここで，式③，④のそれぞれの辺をたすと，

$$\{2a+(p-1)\}\times p=(2\times2\times\cdots\times2)\times2 \quad \cdots⑤$$

となり，式⑤右辺は 2 をいくつかかけた数（2，2^2，2^3 など）のみにより割り切れるが，奇数では割り切れません。ここで，式⑤において，

（ⅰ）p が奇数の場合

　左辺は奇数 p で割り切れるから，（左辺）$\neq$（右辺）となる。

（ⅱ）p が偶数の場合

　$p-1$ は奇数，$2a$ は偶数であるから，$2a+(p-1)$ は奇数となる[注1]。よって，左辺は奇数 $2a+(p-1)$ で割り切れるから，（左辺）$\neq$（右辺）

　以上の（ⅰ），（ⅱ）より，p が奇数または偶数のいずれの数であっても式⑤は成り立たない。したがって背理法より，2^n で構成される整数を連続数の和で表すことは自然数の範囲では不可能である。

【証明終】

　…試しに，【連続数の問題】を題材に授業実践してみると，

$$4=0+4$$
$$=-3-2-1+0+1+2+3+4$$

というような正負の数の知識等を駆使した式表現に出合えました[注2]。この巧妙な式は，前述 **2** の式②とも連結して，初項 $a=-3$，連続数の個数 $8(=2n)$ 個であり，$n=4$ と捉えられます。つまり，式②で $a+n=1$ となる特別な場合と言えます。お見事！！

（注1）
偶数＋偶数＝偶数
偶数＋奇数＝奇数
奇数＋偶数＝奇数
奇数＋奇数＝偶数

（注2）
対象：公立 Y 中学校 3 年生
実施日：2016 年 12 月 7 日

年　　　組　　名前
_____

　「1，2，3，…,100」までの自然数が 1 つずつあります。これらの自然数すべてを使い，加法と減法を用いて「1」をつくることはできますか？

第8話

「アキレスとカメ」を楽しもう！

　ただいま 3 時です。長針は時計盤の 12 の位置に到着です。一方，短針は 3 の位置に到着です。長針は進み続けて短針を追いかけます。そうこうしているうちに，長針は 3 の位置に到着します。その間に，短針は鈍足ながらも進み続けて，3 の位置から P_1 の位置まで進みます。長針は短針との差をかなりつめましたが，まだ短針に追いつけない状況です。長針はあきらめずに進み続けて P_1 の位置に到着します。しかし悔しいことに，長針が P_1 の位置に到着したとき，短針は P_1 の位置から P_2 の位置まで進んでいます。同様に，長針が P_2 の位置に到着したとき，短針は P_2 の位置から P_3 の位置まで進んでいます。

　長針は短針に追いつくことは永遠にできないのでしょうか !?

1 時計の問題

　今回は，「アナログ時計」の話題から始めます。教科書では，アナログ時計を題材に，次の図8−1のような問題（以下【時計の問題】と呼ぶ）が取り上げられています[注]。

（注）
池田敏和ほか
（2021）
『中学校数学2』，
学校図書, p.224

3時と4時の間で，長針と短針が重なる時刻を，次の順に考えてみましょう。

1️⃣ 時計の長針，短針は，1分間にそれぞれ何度回転しますか。

2️⃣ 針が12の位置を指しているときを基準0°とし，3時からx分後の針の位置を$y°$とすると，短針の動きは，右の図の直線①で表すことができます。長針の動きを，右の図にかき入れてみましょう（それを，直線②とします）。

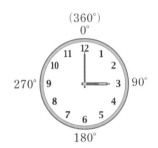

3️⃣ グラフから，長針と短針が重なるおよその時刻を読み取りましょう。

4️⃣ 直線①，②をそれぞれ式に表し，長針と短針が重なる時刻を計算で求めてみましょう。

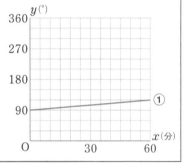

<図8−1：【時計の問題】>

　図8−1から窺えるように，【時計の問題】は，比例，1次関数，関数グラフ，連立方程式，単位換算など様々な数学の内容や見方・考え方が絡みあっており，数学力を養うのに適切な良問の一つだと思っています。【時計の問題】は色々な方法で解けそうですが，ここでは連立方程式を利用して解いてみます。

　　短針：$y = 0.5x + 90$　…①

　　長針：$y = 6x$　…②

より，①，②を連立して解けば$x = \dfrac{180}{11}$（≒ 16.36）となることから，答えとして3時16分頃を得られます。

　これで一件落着，メデタシ，メデタシと言いたいところですが，筆者は根っからの悪乗り好きです。【時計の問題】を見ていると，古代ギリシャ時代に活躍した哲学者ゼノンの「アキレスとカメ」のパラドックスを思い浮かべてしまいます。ここで言うパラドックスとは，「一見すれば，主張している内容は正しく思えるが，現実（事実）と異なっている」といった「腑に落ちないおかしな話」を言います。

2 アキレスがカメを抜き去るのは当たり前!?

　「アキレスとカメ」の話における主張をザックリと述べれば，次のような感じになります。

「とても足の速いアキレスでも，鈍足のカメを抜き去ることは永遠にできない。なぜなら，アキレスがカメに追い着く以前に，アキレスはカメが走り始めた位置に到着しなければならない。つまり，常にカメはアキレスより僅かながら先に進んだ位置にいることになる」

　足の速いアキレスがいずれカメを抜き去るのは当たり前!?と現実に即して答えたいところですが，前述の時計問題の場面でも長針をアキレス，短針をカメに見立てれば，アキレス（長針）はカメ（短針）を抜き去ることはできないように思えてきます。しかし現実には，3時16分を過ぎたあたりで，アキレス（長針）はカメ（短針）を抜き去りますが……。

　「アキレスとカメ」のパラドックスを，いったいどのように理解すればよいでしょうか。

　とりあえず場面を単純化・数値化して考えてみましょう。次の図8-2のように，アキレスとカメが一直線上に進む徒競走の場面で考えます。アキレスは秒速1mで，カメは秒速0.1mで，両者とも一定の速さで進みます。また，ハンディキャップとしてカメはアキレスより0.9m進んだ位置から同時にスタートします。はたして，アキレスはカメを抜き去ることはできるでしょうか？

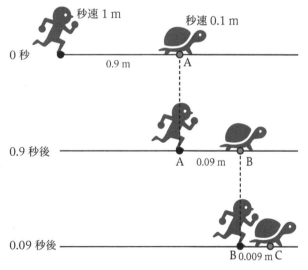

<図8-2：「アキレスとカメ」の徒競走モデル>

　あらためて図8-2で考えると，アキレスとカメが同時にスタートしてから0.9秒後に，アキレスはカメの居たAの位置に到着します。そのと

き，カメはAの位置から0.09m進んだBの位置に到着します。続いて0.09秒後に，アキレスは，Bの地点に到着しますが，カメはBの地点から0.009m進んだCの位置に到着します。以下同様に，アキレスがカメのいた位置に到着するとき，常にカメは僅かながらも先に進んだ位置に到着します。

図8－2を次の図8－3のように関数グラフで表してみると，現実的には1秒後に両者はともに1mの位置に到着し，アキレスがカメを抜き去っていくことが視覚的に分かります。

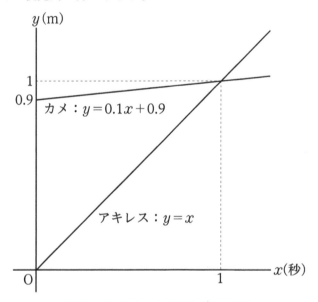

<図8－3：図8－2の関数グラフ表示>

ゼノンの主張によれば，アキレスはカメのいた位置まで進む移動を繰り返します。別な言い方をすれば，アキレスがカメに追い着くまでの経過時間1秒（1mの距離）を限りなく小さく区切って捉えています。つまるところ，ゼノンの主張は，両者がスタートしてからの経過時間1秒以前までの状況を実況中継しているに過ぎないとも言えます。いずれにしても，「アキレスとカメ」のパラドックスは無限や極限に絡んでおり，完全に理解するのは至難です。もしかしたら，このあたりの内容に係わって，第4話で紹介した紙の寸法の話題なども少し参考になるかもしれません[注]。

ちなみに，経過時間1秒時点での両者の進んだ距離を数式で表せば，

アキレスの進んだ距離：1（m）

カメの進んだ距離：0.9＋0.09＋0.009＋…（m）

となります。その結果，「0.999…＝1 !?」という悩ましい問いが新たに発生してきます。「0.999…＝1」に認めがたい感覚を抱く方々が少なから

（注）

ずいらっしゃるのではないでしょうか。中学生がそのような問いを抱いた場合，文字を利用して次のような説明により理解を図る場合が多いようです。

$x = 0.999\cdots$ ①

とおき，この式の両辺をそれぞれ 10 倍すると，

$10x = 9.999\cdots$ ②

ここで② − ①より，$9x = 9$

したがって，$x（=0.999\cdots）= 1$

以上のように説明されると，「$0.999\cdots = 1$」を，一応認めざるを得ないように思います。しかし厳しく言えば，上掲の説明における② − ①の計算で右辺の「…」部分同士がキッチリ相殺されるのか，どうも怪しさが残ります。なにやら悪徳セールスマンの話術に，まんまと騙されているような感じさえします（笑）。

ゼノンの限りなく小さく区切って捉えるアイデアを念頭に，「アキレスがカメに追い着く」ことを，次のように背理法を使っても証明できます。アキレスがカメに追い着くことを示すために，「アキレスとカメとの距離を d（0 以上で，いくらでも小さくできる）とするとき，$d = 0$ となる」ことを証明します。

【証明】

仮に，$d > 0$ とすれば，有理数の持つ稠密の性質より，

0 と d の間に別の有理数 $\left(例：\dfrac{d}{2}\ など\right)$ が存在する。

よって，d がいくらでも小さくできるという仮定に反する。

したがって，背理法より，$d = 0$

【証明終】

以上より，「アキレスがカメに追い着く」ことは確実です。また，アキレスがカメに追い着くとは，1 秒間に両者の進んだ距離が等しいことであり，式表現すれば「$0.999\cdots = 1$」ということです。

「$0.999\cdots = 1$」に対する構えとして，数学者の一松信先生（京都大学名誉教授）は次のように語っています。

「私個人としては，内心一種の便宜的な理解：すなわち $0.999\cdots = 1$ と考えないと，実数が切れ切れになって解析学およびその自然科学への応用上で大変に困るから，あんまり文句をいわないで，$0.999\cdots = 1$ と信じて進もう；別にそれで困った事態は生じない，といった態度をとってきました」（一松，2006）

なんとも，まあ，肩の力みをやんわり取り除いてくれる絶妙なコメント

です。「信じる者は救われる!?」何やら，数学をもっとリラックスして楽しめそうな気がしてきます。一松先生の域にはとても達することはできませんが，筆者なりに「アキレスとカメ」のパラドックスなどに振り回され右往左往しているうちに，「＝（等号：左辺と右辺が等しい）」の捉え方が微妙に広がってきたように思います。「アキレスとカメ」のパラドックスで考察してきた通り，目で見えない無限や極限を取り扱う際，「数学的に具体的な違いを明示できないものは等しい」といった捉え方で「＝」を使っています。「0.999…＝1」の表現を，以前のときよりも当然な表現のように感じています。

3 ウサギとカメ

「アキレスとカメ」のパラドックスは，楽しむどころか深みに入り込み過ぎて憂鬱な気分に陥ってしまう危険性もはらんでいます。そこで，もっと気楽にハッピーに楽しめる題材を紹介したいと思います。

「アキレスとカメ」ではなく「ウサギとカメ」の童話をアレンジして楽しみます。例えば，次のような【新ウサギとカメの問題】はいかがしょうか？

【新ウサギとカメの問題】

ウサギとカメが徒競走をします。ウサギは分速100m，カメは分速5mで，どちらも一定の速さで進みます。また，ウサギはスタートしてから2分後に90分間，居眠りをします。

カメがウサギに勝つためには，スタートからゴールまでを何mに設定すればよいでしょうか？

読者の皆さんから，「子供だましだ！」とお叱りをいただきそうですが，【新ウサギとカメの問題】を数学題材としてけっこう楽しめるように思います。念のため，【新ウサギとカメの問題】を解いておきます。

ウサギとカメがスタートしてからの経過時間を x（秒），進んだ距離を y（m）とおくと，両者の走りっぷりを次の関数式で表すことができます。

カメ（①）：$y = 5x$

ウサギ（②）：$y = 100x \ (0 \leqq x \leqq 2)$,

$\qquad\qquad y = 200 \ (2 \leqq x \leqq 92)$,

$\qquad\qquad y = 100x - 9000 \ (92 \leqq x)$

ここで，①と②を連立して解くと，

<u>200 m より長く約 473.6 m までの範囲</u>にゴールを設定すればよいことが分かります。また，このゴール設定を経過時間で照らして言えば，40 分より長く約 94.7 分までの時間範囲となります。

ちなみに，【新ウサギとカメの問題】の場面を，関数グラフで表してみると，次の図8−4のようになります。さらに，【新ウサギとカメの問題】を色々とアレンジして楽しめるように思います。童話はフィクション（架空の作り話）なのですが，なぜかハッピーな気持ちになれるのは筆者だけでしょうか。

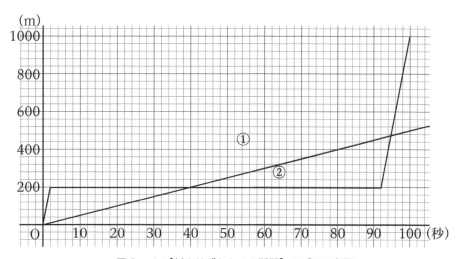

<図8−4：【新ウサギとカメの問題】のグラフ表示>

年　　　組　　名前

　「ウサギとカメ」の童話をもとに，次の＜作題例＞を参考にオリジナルの「ウサギとカメ」のストーリーや問題をつくり，グラフに表してみよう。

＜作題例＞

　ウサギとカメが，山の頂上まで競争します。ウサギは 10 分で 180m の速さで山登りし続けます。一方，カメは山登りが苦手なので，15 分で 100m 登ると 10 分で 50m 下ります。そのことを知っている優しいウサギは，カメに 50 分のハンデをあげて競争しました。それでも，ウサギが勝ちました。カメがウサギに勝つためには，競技ルールをどのように変更したらよいでしょうか？

第 9 話

等周問題を楽しもう！

　周りの長さが等しい正三角形と正方形のうち，面積が大きい方はどちらでしょう？

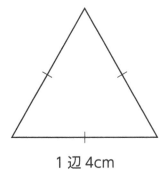

1 辺 4cm

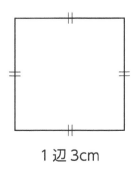

1 辺 3cm

　…周の長さが等しい平面図形の中で，面積が最大となるものはどのような形状の図形でしょう？

　この問題は，一般に「等周問題」などと呼ばれ，18 世紀頃から多くの数学者によって研究されています。

（注）
一松信ほか (2020)
『みんなと学ぶ小学
校算数4年下』,
学校図書, p.41

Ⅰ　ブロックを使った等周問題

　次の図9−1は, 小学校4年生の算数の教科書[注]の記述です。図9−1は, 59ページで紹介した「等周問題」を, 小学生向きにアレンジしたものと言えます。

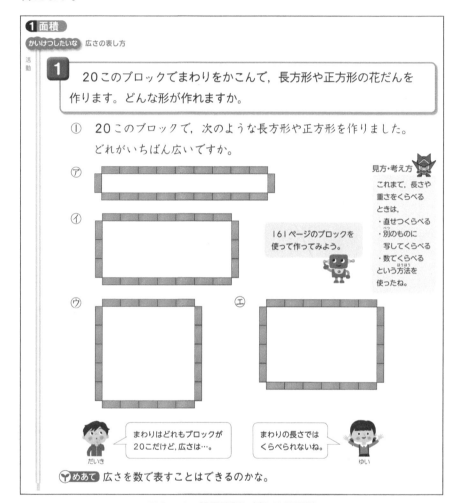

<図9−1：等周問題に係わる問題例>

(1)　周の長さが等しい四角形の中で, 面積が最大となるのは正方形

　2つの平面図形を比べるとき, 「周の長さの大きい（長い）方が, 常に面積も大きい（広い）」と捉える児童も少なくないでしょう。相似形の図形を比べる場合は, この捉え方は有効となります。例えば, 正方形同士, 円同士などを比較する場合です。しかしながら, 形状が異なる図形を比較する場合, この捉え方は必ずしも成り立ちません。59ページの問題解決過程で表出されるように, 周の長さが同じでも囲まれる面積が違う場合があります。また, 次の図9−2のように, 周の長さの短い方が, 面積の広

い場合もあります。図9−2では，

「正方形の周の長さ（＝16）」＜「長方形の周の長さ（＝20）」

です。その一方で「面積」を比較すれば，

「正方形の面積（＝16）」＞「長方形の面積（＝9）」

となっています。

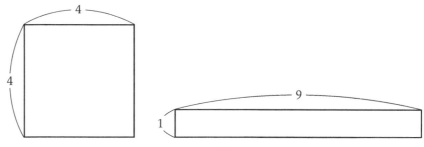

<図9−2：周の長さ及び面積の比較モデル例>

前掲の図9−1の問題で，すべての場合を確かめれば最大面積となるのは㋒の正方形の場合と分かります。ここで，図9−1の問題を中学生向きにアレンジすれば，例えば，次の【課題1】〜【課題3】などを提案できます。

【課題1】

周の長さが等しい三角形の中で，面積が最大となるのはどのような三角形ですか？

【課題2】

周の長さが等しい四角形の中で，面積が最大となるのはどのような四角形ですか？

【課題3】

周の長さが等しい正三角形と正方形のうち，面積が大きい方はどちらですか？

最初に，次の図9−3のように，【課題1】で，△ABC の3辺 BC，CA，AB の長さをそれぞれ a，b，c とし，a（＝BC）及び $b+c$ が一定の場合を考察してみます。

実際に紐などを使って操作してみると，辺AB＝AC となるとき，すなわち△ABC が二等辺三角形になるとき，△ABC の面積は最大になることを確認できます（辺AB＝辺AC のとき，底辺BC に対して高さが最大となることから，△ABC の面積は最大となります）。

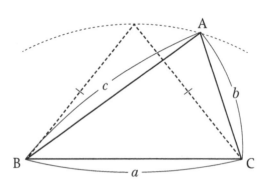

<図9－3：最大の面積となる三角形の考察>

図9－3の考察より，例えば△ABCの周の長さが12のとき，適当に$a=2$とすれば△ABCが最大の面積となるのは，$b=c=5$の場合です。続いて，$c=5$とすれば△ABCが最大の面積となるのは，$a=b=3.5$の場合です。以下同様に考えて数値計算してみると，次の表9－1のようになります。結果，△ABCは$a=b=c=4$のとき，すなわち正三角形のとき最大の面積になると予想できます[(注1)]。

<表9－1：数値計算による予想（最大面積となる三角形）>

$a(=BC)$	$b(=AC)$	$c(=AB)$
2	5	5
3.5	3.5	5
3.5	4.25	4.25
3.875	3.875	4.25
3.875	4.0625	4.0625
3.96875	3.96875	4.0625
3.96875	4.015625	4.015625
3.9921875	3.9921875	4.015625
3.9921875	4.00390625	4.00390625
⋮	⋮	⋮

｛網掛け部分の数を固定し，他の2数を平均化します｝

以上のような視覚的な捉えや予想を高等学校で学ぶ数学を利用すれば，次のように証明できます。

【証明】

△ABCの3辺BC，CA，ABの長さをそれぞれa，b，cとするとき，

△ABCの面積$= \sqrt{s(s-a)(s-b)(s-c)}$，（ただし，$2s=a+b+c$）

となる（ヘロンの公式として知られている）。

ここで，相加平均・相乗平均の関係[(注2)]より，

$$\sqrt[3]{(s-a)(s-b)(s-c)} \leqq \frac{(s-a)+(s-b)+(s-c)}{3} = \frac{s}{3}$$

$$(\because 2s=a+b+c)$$

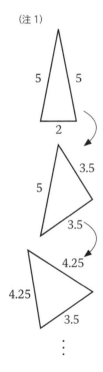

(注1)

5　5

2

5　3.5

3.5

4.25

4.25

3.5

⋮

(注2)
$a>0$，$b>0$，$c>0$
のとき，
$\frac{a+b+c}{3} \geqq \sqrt[3]{abc}$
（等号成立は
$a=b=c$）

が成り立つことより，

$$(s-a)(s-b)(s-c) \leqq \left(\frac{s}{3}\right)^3$$

したがって，△ABC の面積 $\leqq \dfrac{s^2}{3\sqrt{3}} = \dfrac{\sqrt{3}\,s^2}{9}$

ここで，△ABC の面積が最大となるのは等号が成り立つ場合であり，

$s-a = s-b = s-c$ より，$a=b=c$ となる。

すなわち，△ABC の面積が最大となるものは正三角形である。

【証明終】

　【課題2】も【課題1】と同様に，図形を視覚的に捉えることで解決できそうです。図9－4のように，任意の凸四角形 $A_1A_2A_3A_4$ に対して，次の3条件を満たす四角形 $B_1B_2B_3B_4$ を比べてみます。

・$A_1A_3 = B_1B_3$

・$A_1A_2 + A_2A_3 = B_1B_2 + B_2B_3$　$(= 2B_1B_2 = 2B_2B_3)$ (注1)

・$A_3A_4 + A_4A_1 = B_3B_4 + B_4B_1$　$(= 2B_3B_4 = 2B_4B_1)$ (注2)

(注1)
△$A_1A_2A_3$ と
△$B_1B_2B_3$ で周の長さが等しい。

(注2)
△$A_3A_4A_1$ と
△$B_3B_4B_1$ で周の長さが等しい。

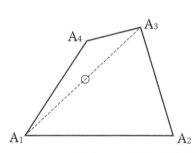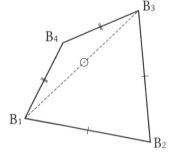

<図9－4：最大の面積となる四角形の考察（その1）>

　ここで，前掲の図9－3からの知見より，

　　△$A_1A_2A_3$ の面積 $\leqq$ △$B_1B_2B_3$ の面積

　　△$A_3A_4A_1$ の面積 $\leqq$ △$B_3B_4B_1$ の面積

これらの不等式の両辺をそれぞれ加えると，

　　四角形 $A_1A_2A_3A_4$ の面積 $\leqq$ 四角形 $B_1B_2B_3B_4$ の面積

となります。結果，周の長さが一定のとき，不等辺四角形よりも凧型四角形の方が面積は大きいと分かります。

　話を先に進めて，周の長さが等しい凧型四角形の中で最大の面積となる四角形を探究します。次の図9－5のように，凧型四角形 $B_1B_2B_3B_4$ に対して，次の3条件を満たす四角形 $C_1C_2C_3C_4$ を比べてみます。

・$B_2B_4 = C_2C_4$

・$B_4B_1 + B_1B_2 = C_4C_1 + C_1C_2$　$(= 2C_4C_1 = 2C_1C_2)$

・$B_2B_3 + B_3B_4 = C_2C_3 + C_3C_4$　$(= 2C_2C_3 = 2C_3C_4)$

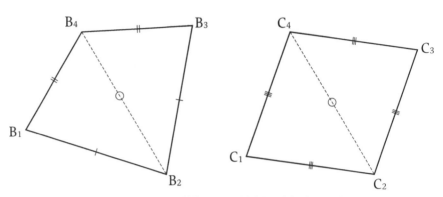

<図9−5：最大の面積となる四角形の考察（その2）>

ここで，前掲の図9−3からの知見より，

$\triangle B_1B_2B_4$ の面積 $\leqq$ $\triangle C_1C_2C_4$ の面積

$\triangle B_2B_3B_4$ の面積 $\leqq$ $\triangle C_2C_3C_4$ の面積

これらの不等式の両辺をそれぞれ加えると，

四角形 $B_1B_2B_3B_4$ の面積 $\leqq$ 四角形 $C_1C_2C_3C_4$ の面積

となり，周の長さが等しい凧型四角形の中で，ひし形の面積が一番大きくなると分かります。さらに，次の図9−6から分かるように，ひし形（4辺の等しい平行四辺形）の中で，面積が最大となるのは正方形だと分かります（正方形の場合が底辺からの高さが一番大きくなります）。

以上より，周の長さが等しい四角形の中で，面積が最大となるのは正方形であると言えます。

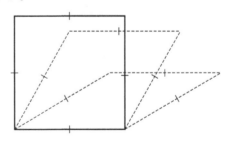

<図9−6：ひし形（4辺の等しい平行四辺形）の面積比べ>

ここでさらに，【課題3】の「周の長さが等しい正三角形と正方形のうち，面積が大きい方はどちらか」にもチャレンジしてみましょう。例えば，周の長さがともに12の正三角形と正方形について，それらの面積を比べてみます[(注)]。

次の図9−7の左図のように，1辺の長さが4の正三角形ABCで，点Aから辺BCへ垂線を下ろしその交点をHとします。ここで，図9−7の右図のように，△AHCを移動させて長方形C′BHAをつくることができます。また，△ABHで，AH＜AB（＝4）となっています。

（注）
周の長さを ℓ など
と文字を利用して
取り扱えば，一般
的な証明となる。

64

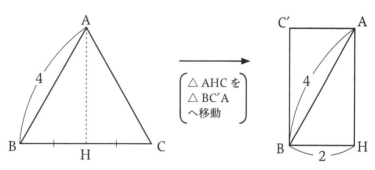

<図9－7：正三角形の等積変形例>

　一方で，次の図9－8のように，1辺の長さが3の正方形を面積の大きさを変えないように，横の長さ2の長方形に変形できます。

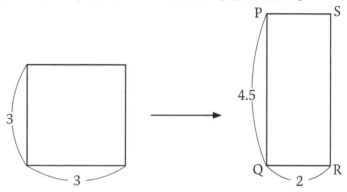

<図9－8：正方形の等積変形例>

　ここで，図9－7の右図と図9－8の右図を重ね合わせて捉えれば，

　　AH＜AB（＝4）＜SR（＝4.5）

です。よって，長方形C′BHAの面積 < 長方形PQRSの面積となります。したがって，【課題3】の答えは，「周の長さが等しい正三角形と正方形のうち，面積が大きくなるのは正方形である」となります。

　ここまで話が進むと，「周の長さが等しい n 角形の中で，面積が最大となるのは，正 n 角形ではないか」と予想できます[注]。

　参考までに，代表的な正 n 角形の面積の値を計算で求めてみます。例えば，周の長さが12の場合について，正三角形，正方形，正六角形，正十二角形の面積をそれぞれ求めると，次の表9－2のようになります。

<表9－2：正 n 角形の面積（周の長さが12の場合）>

n の値	名称	面積	面積（近似値）
3	正三角形	$4\sqrt{3}$	6.93
4	正方形	9	9
6	正六角形	$6\sqrt{3}$	10.392
8	正八角形	$4.5(1+\sqrt{2})$	10.864
12	正十二角形	$3(2+\sqrt{3})$	11.196

（注）
一般に，「周の長さが等しい図形の中で面積が最大となるものは円である」ことが知られている。

年　　　組　　名前

周りの長さが 12 である正十二角形の面積を求めなさい。

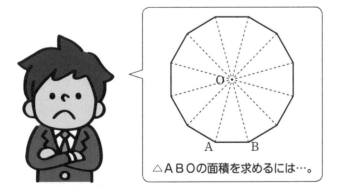

△ＡＢＯの面積を求めるには…。

第 10 話

証明は必要か !?

「なぜ証明するの？」

と，生徒から質問されたら，どのように対応しますか。

そのようなときは，次の【円の分割問題】がお勧めです。

【円の分割問題】

円周上に点をとり各点を結ぶと，もとの円はいくつかの領域に分割されます。今，円周上に6点をとる場合，分割される領域は最大いくつになるかを求めなさい[注]。

〈4点の場合〉　　　　　　　　〈5点の場合〉

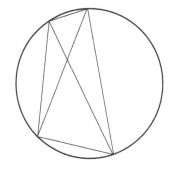 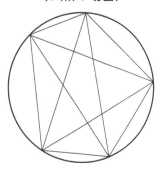

<表10-1：円周上の「点の数」と分割される「領域の数」の関係>

点の数	1	2	3	4	5	6	…
領域の数	1	2	4	8	16	?	…

　…領域の数は倍々と増えているから，6点の場合の答えを「32」と結論づけてよいでしょうか？

- -

（注）特別な場合で考えてしまうと，求める領域の数が少なくなってしまう。
　　　例：3つの対角線が1点で交わる場合など

I 証明で規則性を捉える

(1) 場合に分けて数える

67ページの表10−1にある数値を早とちりして，【円の分割問題】の答えを「32」としてしまいそうです。しかし，実際に円周上に6点をとり分割された領域の数を数えてみると，「32」ではなく「31」であることが分かります。「数え間違えかもしれない」との思いで，念のため注意深く何度もチェックし直しても，結果は，やはり「31」です。表10−1の情報を証明なしで安直に捉えては，大変な目に合うことになります。

また，正答の「31」を他の人と共有するにも，少し工夫がいるように思います。例えば，次の図10−1のようなモデル図を提示し，各点を結んで出来た領域を力まかせに数え上げ，「総数は31だ」と言い張ることはできます。しかし，モデル図が少し変われば，「32」になりうるかもしれない…などと，ちょっと気がかりな感じも残るように思います。そこで一つの打開策として，解決過程の手応えをより確かにするために，場合に分けて数え上げる方法などが考えられます。

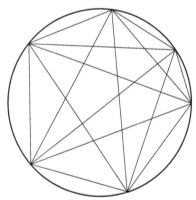

<図10−1：円周上に6点をとる場合のモデル図>

円周上の点が5点から6点へ1点増えるとき，領域はいくつ増えるかを，場合に分けて数えてみましょう。次の図10−2のように，準備として円周上の6点を順に A_1，A_2，A_3，A_4，A_5，A_6 と名付けておきます。続いて，点 A_6 と点 A_1 〜点 A_5 の各点とを線分で結んだときに増える領域を，それぞれ数え上げていきます。例えば，点 A_6 と点 A_1 とを線分で結ぶことで新たに領域が $\boxed{1}$ 増えることが分かります。以下，同様に数え上げます。

・点 A_6 と点 A_2 を結ぶことでの増加領域：$\boxed{4}$
・点 A_6 と点 A_3 を結ぶことでの増加領域：$\boxed{5}$
・点 A_6 と点 A_4 を結ぶことでの増加領域：$\boxed{4}$
・点 A_6 と点 A_5 を結ぶことでの増加領域：$\boxed{1}$

（注1）
図10-2では，増加
領域数に関係しな
い線分を省いてい
る。

以上より，円周上の点が5点から6点へ1点増えるとき，増加領域の数は15（＝$\boxed{1}$＋$\boxed{4}$＋$\boxed{5}$＋$\boxed{4}$＋$\boxed{1}$）と把握できます。よって，円周上に6点をとるとき，分割される領域の数は31（＝16＋15）となります[(注1)]。

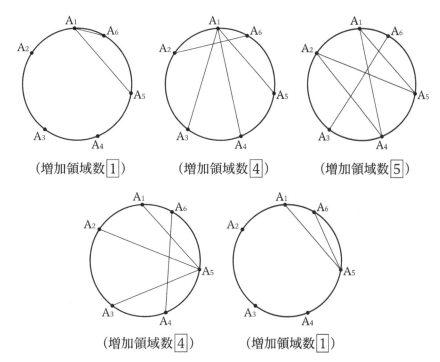

（増加領域数$\boxed{1}$）　（増加領域数$\boxed{4}$）　（増加領域数$\boxed{5}$）

（増加領域数$\boxed{4}$）　（増加領域数$\boxed{1}$）

<図10－2：場合に分けて数える（円周上に6点をとる場合）>

(2) 文字を利用して一般化する

【円の分割問題】の一般的な解はどのようになるでしょうか。以下，高校数学の内容にも係り難しくなりそうですが，前述(1)の見方を活かしてチャレンジしてみます。最初に，2点 A_1 と A_n の間に $(n+1)$ 個目の点 A_{n+1} を円周上に取り，2点 A_{n+1} と A_k $(1 \leq k \leq n)$ を結んだときに領域がいくつ増えるかを考えます。線分 $A_{n+1}A_k$ の両側にはそれぞれ $(k-1)$ 個，$(n-k)$ 個の点があり，それらが互いに結ばれているので，線分 $A_{n+1}A_k$ は全部で $(k-1)(n-k)$ 本の線分と交わります[(注2)]。つまり，線分 $A_{n+1}A_k$ によって，分割される領域の数が $(k-1)(n-k)+1$ 個増えることが分かります。以上のことから，点 A_{n+1} と A_1, A_2, $\cdots$, A_k, $\cdots$, A_n の各点をそれぞれ結ぶとき，増加する領域の総数は，

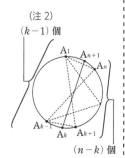

（注2）
$(k-1)$ 個

$(n-k)$ 個

$$\Sigma_{k=1}^{n} \{(k-1)(n-k)+1\} = \frac{1}{6}(n^3 - 3n^2 + 8n)$$

となります。よって，一般的に円周上の点の数が n 個のとき，分割される領域の数を b_n とすれば，

（注 1）
$n=1$ のとき，
$b_1=1$ となる。

$$b_n = b_1 + \sum_{k=1}^{n-1} \frac{1}{6}(k^3 - 3k^2 + 8k), \quad (\text{ただし，} n \geqq 2)$$

$$= \frac{n^4 - 6n^3 + 23n^2 - 18n + 24}{24} \quad \text{（注 1）}$$

となります。試しに，この式の n に 6 を代入し計算してみると，「31」を得ます。【円の分割問題】では，円周上の点の数に関わらず分割される領域の数は当然ながら自然数となりますが，一般的な解が分数式で表現されるとは…数学の不思議さを感じます。

2 証明で自分の活動を確かにする

教科書の問題をそのまま使わないで，問題設定を少しアレンジすることで，証明の必要性を生徒がより感じやすくする方法もあります。

（注 2）
池田敏和ほか
（2021）
『中学校数学 3』，
学校図書，p.185

例えば，第 3 学年「円」の単元で「ターレスの定理」が取り上げられています（注 2）。次の図 10－3 のように円周角と中心角の関係を探究する過程で，ターレスの定理にたどり着きます（図 10－4）。

適当な半径の円 O をかき，中心角 ∠AOB の大きさを決め，$\overgroup{AB}$ を除いた円周上に点 P をとったときの円周角 ∠APB の大きさを調べなさい。また，その結果から，円周角と中心角の間にはどんな関係があるかを予想しなさい。

中心角が 180°や 180°より大きい場合も調べてみよう。

<図 10－3：「円周角と中心角の関係」の探究>

‥‥‥（中略）‥‥‥

ある弧に対する中心角が 180°のとき，その弧に対する円周角の大きさは，90°である。

円周角の定理の特別な場合として，次のことが成り立つ。

半円の弧に対する円周角は 90°である。

ターレスの定理と呼ばれているよ。

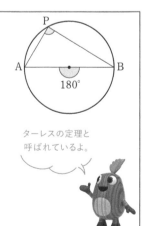

<図 10－4：ターレスの定理>

このターレスの定理を具体的にアレンジしてみます。例えば，第2学年の「三角形・四角形」の単元での題材として，次のような【90度の作図問題】を考案できます。

【90度の作図問題】
最初に，AB=AC となる二等辺三角形 ABC を作図します。次に，辺AB を点 A の方へ延長し，AB=AD なる点 D をとります。このとき，∠BCD は 90 度になりますか？

【90度の作図問題】では，あらかじめ図が添えられていないため，生徒は問題文に沿って自ら作図することになります（例えば図10−5）。また，多くの生徒にとって，作成した図で「∠BCD は 90 度らしい」と直感できても，「∠BCD は 90 度だ」と言い切るには一抹の不安を伴うことでしょう。つまり，【90度の作図問題】は証明の必然性を多少なりとも感得する一つの機会となりえます。別な言い方をすれば，今流行の ICT の利用では実感しづらく，手作業での作図ならではの授業展開とも言えるのではないでしょうか。

∠BCD が 90 度となる根拠は様々に説明できます。次の図10−6のように，実際の授業実践では，例えば生徒 S1 は○印や●印を駆使しながら説明しています[注]。

（注）
対象：国立A中学校2年生
実施日：2016年
10月26日

S1：「△ABC，△ACD は二等辺三角形だから，○の2つの角は同じ大きさで，●の2つの角も同じ大きさ。△BCD の内角の和は180度だから，○の2つと●の2つで180度となる。だから，∠BCD は，○と●が1つずつで90度となる。」

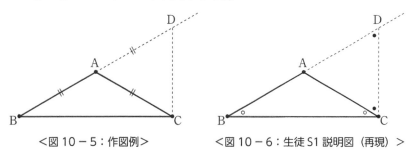

<図10−5：作図例>　　　　<図10−6：生徒 S1 説明図（再現）>

第2学年で【90度の作図問題】を解決した生徒が進級し，いつの日か前掲の図10−4（ターレスの定理）に出合った際，どのような反応をするのか…とても楽しみです。

（注1）
「定規」の目盛りを
使わず，まっすぐ
な線を引くだけの
道具という意味で，
ここでは「定木」
と書いている。

3 証明で答えの対立を解消する

前述の【90度の作図問題】では，定木とコンパスを用いました。ここでは，定木やコンパスを使わない「フリーハンド」による活動を活かした証明問題を紹介します[注1]。

次の図10−7のような【通常の証明問題例】は，教科書や問題集などに見られる典型的な証明問題の一つです。

【通常の証明問題例】

次の図10-7で，△ABC及び△ACDはともに正三角形です。ここで，EC＝FDとなるように点E，Fをそれぞれ辺BC，CD上にとるとき，△AEFが正三角形になることを証明しなさい。

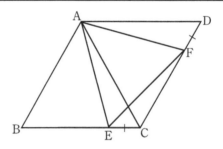

<図10−7：通常の証明問題例>

一方で，この【通常の証明問題例】をアレンジして，次の図10−8のような【異なる答えが生じうる問題】を考案することができます。

【異なる答えが生じうる問題】

フリーハンドで正三角形ABCをかき，続いて正三角形ACDをかきます。ここで，辺BC上に点Eを適当にとり，点Dのある側へ正三角形AEFをかきます。このとき，点Fの位置はどこにありますか。

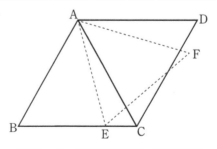

<図10−8：異なる答えが生じうる問題>

【異なる答えが生じうる問題】での生徒の解答（点Fの位置）は，「辺CDの左側」，「辺CDの右側」，「CD上」の3つに分かれる場合が多いです[注2]。それら3通りの解答のうち，いったいどれが正解なのか。異なる

（注2）
対象：公立B中学
校2年生
実施日：2014年
11月26日

答え，大げさに言えば対立する答えの出現によって，生徒の数学的活動は力強く推進されることになります。【異なる答えが生じうる問題】の解決過程では，多くの生徒が自分達の答えの支えとなる何がしかの根拠や証明などを欲しがります。もちろん，定木とコンパスや作図ツールなどを使って正確に作図すれば，点 F は CD 上にあることを視覚的に易々と捉えることができます。そこでは，作図ツールで見出した予想（点 F は CD 上にあること）を証明する授業展開なども考えられますが，フリーハンドならではの本活動も捨て難いように思っています。

　ちなみに，「点 F は CD 上にある」ことを証明するためには，例えば，∠ADF が 60 度になることを示せば OK です。仮に，∠ADF＜60（度）ならば点 F は辺 CD の左側に位置し，∠ADF＞60（度）ならば右側に位置することになります。具体的な証明は，例えば次のようになります[注]。

（注）

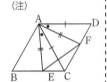

【証明例】

△AFD と△AEC において，

仮定より，AF＝AE　…①

　　　　　　AD＝AC　…②

また，∠DAF＝∠DAC（＝60 度）－∠FAC　…③

　　　∠CAE＝∠FAE（＝60 度）－∠FAC　…④

よって③，④より，∠DAF＝∠CAE　…⑤

ここで①，②，⑤より，三角形の合同条件「2 組の辺とその間の角がそれぞれ等しい」ことより，

　△AFD≡△AEC　…⑥

ここで，対応する角の大きさは等しいことより，

　∠ADF＝∠ACE

　　　　＝60（度）

したがって，点 F は CD 上にある。

【証明終】

年　　　組　　名前
_____

　海賊が S 島に宝を埋めたという次のような古文書が見つかった。実際に S 島に行ってみると，松の木と石碑はあったが，井戸は埋まっていて見つからない。はたして，宝を発見できるでしょうか？

> 井戸から松の木へ線を引け
> そこで向きを右に 90 度変え同じ長さの線を引き，そこに杭を打て
> 井戸から石碑に線を引け
> そこで向きを左に 90 度変え同じ長さの線を引き，そこへ杭を打て
> 2 本の杭の真ん中に宝はある

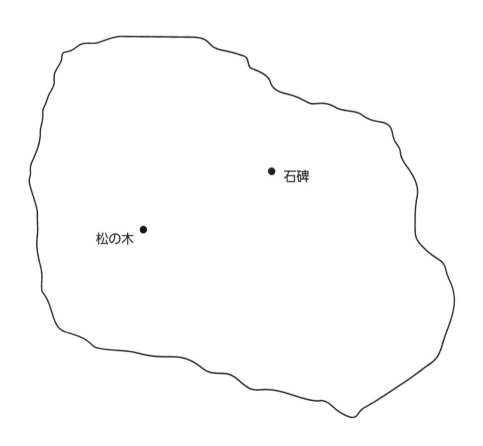

正三角形の作図を楽しもう！

　平面上に 3 本の平行線があります。それらの平行線上に，頂点が一つずつあるような正三角形を作図できますか？

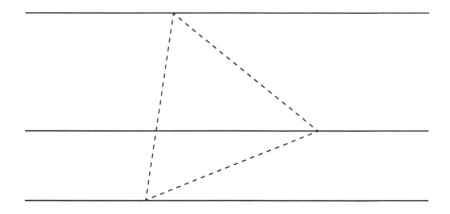

1 「円周角の定理の逆」の利用場面は？

　最初に，ある数学教育研究会でのエピソードを一つ紹介させてください。参会の A 先生が，次のような質問を他の先生方へ投げかけました。「円周角の定理の逆を，どこで利用できますか？」

　この質問に，読者の皆さんなら，どのようにお答えするでしょうか。いざ，具体的な場面などを挙げながら答えようとすると，けっこう難しいように思います。ご存知の通り，円周角の定理の逆とは，次の図 11－1 のような円の性質に係わる定理の一つです。中学校 3 年数学の教科書に記述されている内容です [注] 。

定理

円周角の定理の逆

2 点 P, Q が直線 AB について

同じ側にあるとき，

　　∠APB ＝∠AQB

ならば，4 点 A，P，Q，

B は 1 つの円周上にある。

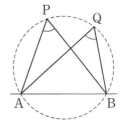

<図 11 － 1 : 円周角の定理の逆>

　円周角の定理の逆を生徒に理解させることはできても，なぜ円周角の定理の逆を理解しなければならないのか。高みを目指す数学教師として，円周角の定理の逆を学ぶ意義や利用場面を，生徒がなんとか実感できるように指導したいところです。

2 「正三角形の作図問題」を楽しもう！

　前述の A 先生からの質問に答える具体的な場面（課題学習の問題）の一つとして，75 ページで紹介したような問題（以下【正三角形の作図問題】と呼ぶ）はいかがでしょうか。

【正三角形の作図問題】
平面上に 3 本の平行線があります。それらの平行線上に，頂点が一つずつあるような正三角形を作図できますか？

正三角形の作図を楽しもう！

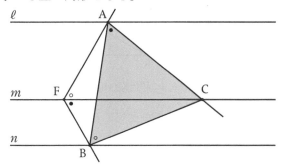

<図 11 − 2：【正三角形の作図問題】のイメージ図>

　上掲の【正三角形の作図問題】の解答は，色々と考えられます。その一つに，円周角の定理の逆を利用した解答があります。具体的には，次の【作図手順Ⅰ】にしたがって 60 度を作図していけば，図 11−3 のように，任意の 3 本の平行線に対して正三角形を作図できます。

【作図手順Ⅰ】

・3 本の平行線 ℓ，m，n に対して m 上に点 F をとる。

・点 F を通り，m と 60 度をなす半直線を上下に 1 本ずつ引く。

・この半直線と ℓ，n との交点をそれぞれ A，B とし，それらを結ぶ。

・点 A から線分 AB の右側方向に 60 度をなす半直線を引く。

・この半直線と m との交点 C をとる。

・△ABC が求める正三角形となる。

<図 11 − 3：円周角の定理の逆などを利用した作図>

　【作図手順Ⅰ】により作図された図 11−3 の数学的な正しさは，次のように証明できます。

【作図手順Ⅰの証明例】

∠BAC ＝∠BFC（＝60 度）となるように作図しているので，円周角の定理の逆より，直線 BC について 4 点 A，F，B，C は同一円周上にある。ここで，この円周上の弧 AC に対する円周角は等しい（円周角の定理）から，∠AFC ＝∠ABC（＝60 度）となる。

よって，△ABC は∠BAC ＝∠ABC（＝60 度）であるから，△ABC は正三角形となる。

【証明終】

【正三角形の作図問題】の解決過程で，円周角の定理の逆を利用できると知った生徒は，その意外さにちょっと驚くかもしれませんね。「円周角の定理の逆，思ったよりもスゴイかも…」といった生徒のつぶやきが聞こえてきそうです。

　せっかくの機会ですから，別の解答例も楽しみましょう。正直，一発でかっこよく華麗に問題解決できれば，それに越したことはありませんが，世の中そんなに甘いものではありません（笑）。なかなか解決の見通しが持てない場合の打開策の一つとして，とりあえず問題場面を特殊化して考えてみます。

　例えば，次の図11−4のように等間隔にある3本の平行線の場合を考えてみます。まず，3本の平行線と垂直になるように線分ABを引きます。続いて，線分ABと等しい長さで線分AC及びBCを作図すれば，正三角形ABCの完成です。続いて，等間隔でない平行線の場合を考えてみます。動的数学ソフトGeoGebraなどを利用して，次の図11−5のように図11−4の中側にある平行線(点線表示の直線)を上下に平行移動してみます。

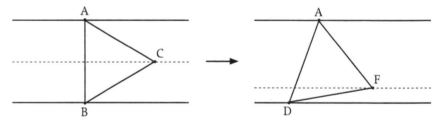

<図11−4：平行線が等間隔な場合>　　　<図11−5：平行線の平行移動>

　勢いにまかせて，図11−4と図11−5を同時に表示すれば，次の図11−6のようになります。この図11−6を注意深く観察すれば，例えば「中側の平行線の平行移動に伴って移動する点Fの位置に関わりなく，△ADBと△AFCは合同である!?」というキーポイントに迫ることができます。とりあえず，この△ADB≡△AFCを認めて話をさらに先に進めれば，次の【作図手順Ⅱ】によって【正三角形の作図問題】を解決できます。

【作図手順Ⅱ】

・図11−4に倣って正三角形ABCを作図する。

・∠ACFが90度となる半直線を引き，中側の平行線との交点Fをとる。

・線分CFの長さとBDの長さが等しくなるように下側の平行線上に点Dをとる。

・△ADFは正三角形となる。

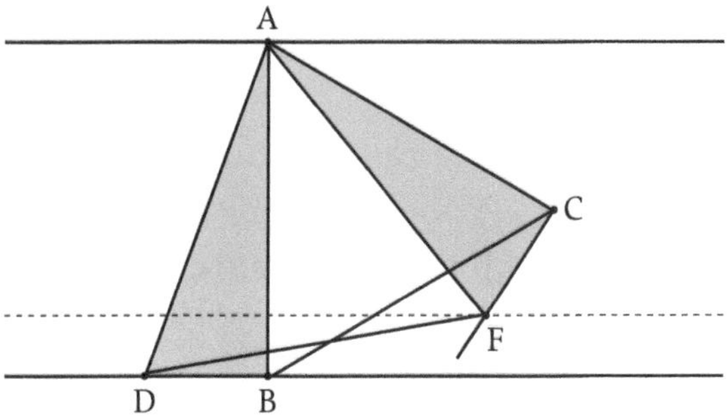

<図 11 − 6：△ ADB ≡△ AFC の発見>

なお，△ ADB ≡ △ AFC の証明例は次の通りです。

【証明】

図 11 − 6 の△ ADB と△ AFC において，

　AB ＝ AC　…①

　∠ ABD ＝ ∠ ACF（＝ 90 度）…②

　BD ＝ CF　…③

よって①，②，③より，2 組の辺とその間の角がそれぞれ等しいことから，

△ ADB ≡ △ AFC となる[注]。

【証明終】

…【正三角形の作図問題】の解答例は，他にもまだまだあります。

時間を見つけてチャレンジして（楽しんで）みてくださいませ！

[注]
△ ADB ≡△ AFC
より，
AD ＝ AF，
∠ DAF ＝∠ BAC
（＝ 60 度）
よって，△ ADF は
正三角形（頂角 60
度の二等辺三角形）。

年　　　組　　名前

　【正三角形の作図問題】において，次の＜手順＞で作図するとき，△ BDE は正三角形になることを証明しなさい。

＜手順＞

　・図のように，ℓ 上に点 A をとり，辺 BC が n 上にあるように正三角形 ABC をかく。
　・辺 AC と直線 m の交点を D とする。
　・3 点 A，B，D を通る円をかく。
　・この円と直線 ℓ の交点 E をとる。
　・3 点 B，D，E を結んでできる△ BDE は正三角形となる。

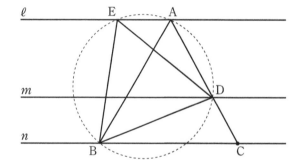

第 12 話

平行四辺形の
決定条件を楽しもう！

どのような条件のとき，四角形 ABCD は平行四辺形となりますか？

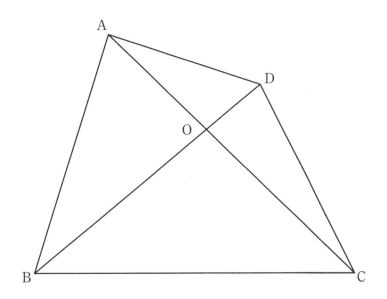

（注1）
池田敏和ほか
（2021）
『中学校数学2』，
学校図書，p.165

1 平行四辺形の決定条件

　今回の話題は，「平行四辺形になるための条件（決定条件）」です。次の図12−1のように，教科書では平行四辺形の定義を含めて次の①〜⑤の決定条件が取り上げられています[注1]。

> 重要
>
> ### 平行四辺形になるための条件
>
> 四角形は，次のどれか1つが成り立てば，平行四辺形である。
>
> ❶ 2組の対辺がそれぞれ平行である。　　　…（定義）
>
> ❷ 2組の対辺がそれぞれ等しい。
>
> ❸ 2組の対角がそれぞれ等しい。　　　　　…（定理）
>
> ❹ 2つの対角線がそれぞれの中点で交わる。
>
> ❺ 1組の対辺が平行で等しい。

<図12−1：平行四辺形の決定条件>

　これら①〜⑤の決定条件を，数学記号を使い端的に表現すれば，次のようになります[注2]。

① $AB/\!/DC$, $AD/\!/BC$ 　　　　② $AB=DC$, $AD=BC$

③ $\angle A=\angle C$, $\angle B=\angle D$ 　　④ $AO=CO$, $BO=DO$

⑤ $AB/\!/DC$, $AB=DC$（$AD/\!/BC$, $AD=BC$）

　つまるところ，どの決定条件も2つの条件から構成されていることが分かります。しかし，ここで「なぜ①〜⑤が決定条件として挙げられているのか？」，「他の2つの条件の組み合わせでも平行四辺形を決定できるのではないか？」などの疑問が湧いてきます。

（注2）
点 O は四角形
ABCD の対角線の
交点

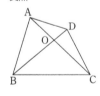

2 決定条件①〜⑤の背景

　上掲の図12−1の学習に先立って，教科書では平行四辺形の定義①が最初に述べられ，その後に②〜④を性質（定理）として学びます。つまり，図12−1は必要十分条件の観点から，それらの学習活動の逆として「平行四辺形の性質②〜④ならば定義①が成り立つ」ことを確認しているとも捉えられます。しかしながら，この捉えでは，決定条件⑤を挙げている理由が今一つ納得できません。この⑤に係わって，長らく教科書編集に携わっていらっしゃる町田彰一郎先生（埼玉大学名誉教授）から，次のように教えていただきました。

　「四角形の集合の包摂関係から考えると色々とあるかと思いますが，す

ぐに思いつくことは，台形と平行四辺形との関係です。日本の台形の定義は，上底，下底が出てきますが，これは，今では訂正すべき言葉です。上下をひっくり返した台形は，今ではタイルパターンで良く出てきますが，下向きの上底，上向きの下底が出てきて児童・生徒を混乱させます。これを回避するためには，底とは，英語流に base（元になる辺）と捉えて，一組の平行な辺（base）から成る四角形の集合を考えたときに，その base となる辺が等しい場合が平行四辺形で，等しくないときは台形となります。①〜④と表現が若干異なりますが，⑤から①も導けますので，こうした視点を持たせるという意味で，⑤の性質が重要な役割を持ってくると思います。」

…教科書の奥深さを，あらためて思い知らされます。

3　新たな決定条件の吟味

　次に，平行四辺形の新たな決定条件を探究してみましょう。具体的には，次のような【平行四辺形の決定条件問題】にチャレンジします。

【平行四辺形の決定条件問題】

次のア〜クの条件のうち，四角形 ABCD が平行四辺形となる組はありますか。ただし，点 O は四角形 ABCD の対角線の交点です。

　　ア：AB∥DC，　　イ：AD∥BC，
　　ウ：AB＝DC，　　エ：AD＝BC，
　　オ：∠A＝∠C，　カ：∠B＝∠D，
　　キ：AO＝CO，　　ク：BO＝DO

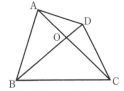

　上掲の【平行四辺形の決定条件問題】で，ア〜クから 2 つを選び，各組（全部で 28 通り）を一つずつ検討すれば，次の表 12−1 のように，決定条件となりうるのは 16 通りあることが分かります。

<表 12−1：「平行四辺形の決定条件」一覧表（○印：成立，×印：不成立）>

	ア	イ	ウ	エ	オ	カ	キ	ク
ア：AB∥DC		①	⑤	×	○	○	○	○
イ：AD∥BC	—		×	⑤	○	○	○	○
ウ：AB＝DC	—	—		②	×	×	×	×
エ：AD＝BC	—	—	—		×	×	×	×
オ：∠A＝∠C	—	—	—	—		③	×	○
カ：∠B＝∠D	—	—	—	—	—		○	×
キ：AO＝CO	—	—	—	—	—	—		④
ク：BO＝DO	—	—	—	—	—	—	—	

（注）
対象：国立Ａ中学校
２年生
実施日：2019年
3月１日

試しに，全28通りについて生徒に吟味してもらうと，次の図12－2のような興味深い生徒の解答例が表出されました（注）。

ウ：AD=BC，ク：BO=DO（決定条件にならない）の場合

DからACに垂直な線を引いて交わった点をE.
BからACに垂直な線を引いて交わった点をFとすると

∠DEO=∠BFO=90°—①
∠DEA=∠BFC=90°—②
仮定より AD=BC—③
BO=DO—④

対頂角は等しいから.
∠DOE=∠BOF—⑤

①.⑤.④より
直角三角形の斜辺と一つの鋭角がそれぞれ等しいから。
△DEO≡△BFO
合同な図形の対応する辺は等しいから.
DE=BF—⑥
EO=FO—⑦

②.③.⑥より.
直角三角形の斜辺と他の一辺がそれぞれ等しいから
△AED≡△CFB
合同な図形の対応する辺は等しいから
AE=CF—⑧

また. AO=EO
CO=FO ⑨

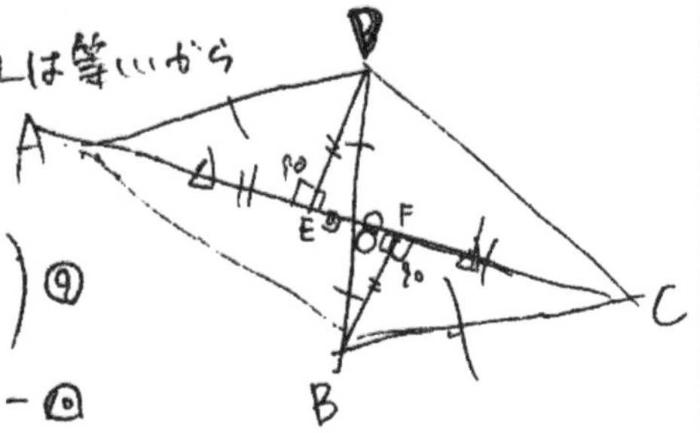

⑦⑧⑨より AO=CO—⑩
④.⑩より．二つの対角線がそれぞれの中点で交わるから
四角形ABCDは．平行四辺形である。

＜図12－2：生徒の解答例（誤答）＞

上掲の図12－2の解答例を一見すれば数学的に正しい記述のようにも思えます。しかしながら，次の図12－3のように，反例（四角形DEBCの存在）を示すことができます。

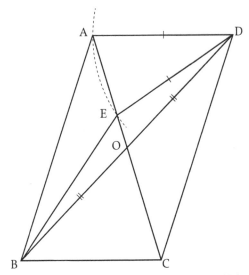

<図 12 − 3：反例図例（AD=BC，BO=DO の場合）>

　いったい，図 12−2 の解答例のどこが間違っているのでしょうか。図 12−2 の解答例を注意深く振り返ってみると，どうやら 1 行目と 2 行目にその原因がありそうです。具体的に言えば，「D 及び B から直線 AC に下した垂線の足（ここでは P，Q とします）は，線分 AC 上にあるとは限らない」という事実を見落としています。実際，反例図例の線分 EC 上には D からの垂線の足は乗っていません。

　次の【ケース 1】〜【ケース 3】のように，四角形 ABCD が平行四辺形になるかどうかは，P，Q が線分 AC に含まれるかどうかの状態によって決まります。

【ケース 1】P，Q がどちらも線分 AC に含まれる

　　　　　⇒ ABCD は平行四辺形である

【ケース 2】P，Q がどちらも線分 AC に含まれない

　　　　　⇒ ABCD は平行四辺形である

【ケース 3】P，Q どちらか一方だけが線分 AC に含まれる

　　　　　⇒ ABCD は平行四辺形でない

　つまり，図 12−2 の解答例は，【ケース 1】を証明したものです。【ケース 2】も同様な考え方で証明できます。そして，【ケース 3】が反例図例に対応します。図 12−2 の解答例は，【ケース 1〜3】をすべて考察してはいないけれども，考察している【ケース 1】に限れば正しい内容です。すべての場合分けに気が付かなかったからこそ証明を考えることができたのかもしれません。そう考えると，図 12−2 の解答例は，誰もが落ちうる体験すべき「良い間違い!?」とも言えます。普段の学習において，「すべての場合を尽くしているか」，「本当に交わるのか」などを考えることの大切さに気付くきっかけになると思います。

オ：∠A＝∠C，ク：BO＝DO（決定条件になる）の場合

　【平行四辺形の決定条件問題】では，「平行四辺形の決定条件になりうるか」を判断しやすい組もあれば，判断し難い組もあります。例えば，次の図12−4のような「オ：∠A＝∠C，ク：BO＝DO」の場合，平行四辺形の決定条件になることを説明（証明）するのは至難でしょう。

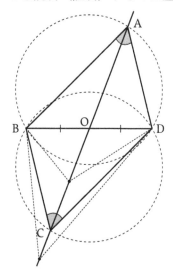

<図12−4：証明の困難な組（∠A＝∠C，BO＝DO の場合）>

　上掲の図12−4で，条件 BO＝DO を念頭に置き，あと AO＝CO を示せば，決定条件④「2 組の対角線がそれぞれの中点で交わる」を満たすことになります。結果，「オ：∠A＝∠C，ク：BO＝DO」の組は，平行四辺形の決定条件となります。ここでは，背理法を利用して AO＝CO を導き出してみます。

【AO＝CO の証明例】

　仮に，AO＞CO と仮定すると，

　円周角の定理から導き出される性質より∠A＜∠C となり，条件∠A＝∠C を満たさないことから，AO＞CO ではない(注)。…（ア）

　同様に，AO＜CO と仮定すると，

　円周角の定理から導き出される性質より∠A＞∠C となり，条件∠A＝∠C を満たさないことから，AO＜CO ではない。…（イ）

　以上（ア），（イ）より，AO＝CO

【証明終】

　蛇足ながら，「オ：∠A＝∠C，ク：BO＝DO」の組の類例として，「カ：∠B＝∠D，キ：AO＝CO」の場合も，上述と同様に証明できます。

（注）

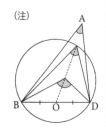

年　　　組　　　番：氏名

「∠B＝∠D，AO＝CO」である四角形 ABCD は，平行四辺形であると言えますか。なお，点 O は四角形 ABCD の対角線の交点です。

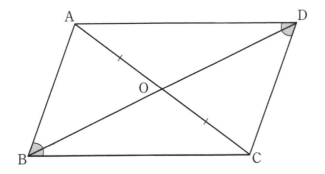

年　　　　組　　名前

「AB=DC，∠A=∠C」の四角形 ABCD は平行四辺形であると言えますか。

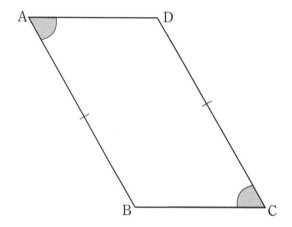

テープの折り返しを楽しもう！

「紙テープ」や「箸袋」を使って結び目をつくるとき，その結び目の形はどのような形になりますか？

① 紙テープを折り返す

（注1）
池田敏和ほか
（2021）
『中学校数学2』，
学校図書，p.153

今回は，「紙テープを折り返す」場面を楽しみます。教科書では，次の図13−1のような【紙テープを折り返す問題】を取り上げています[注1]。

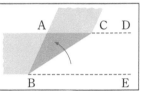

紙テープを右の図のように折ったとき，重なった部分の三角形はどんな三角形になりますか。また，そのことを説明しなさい。

<図13−1：紙テープを折り返す問題>

図13−1の【紙テープを折り返す問題】を念頭で考えても楽しめますが，実際に紙テープを使って試すことも有意義です。紙テープで様々に折り返してみると，それらの視覚的な情報から，図13−1の問題の答え（折り目を底辺とする二等辺三角形）を発見できるでしょう[注2]。併せて，二等辺三角形になる説明（証明）に係わるヒントなども得られやすくなります。また，この説明の仕方は色々と考えられそうです。

ここでは，次の図13−2のようなモデル図（点Dが辺BPよりも下側にくる場合）で，AD∥BCである紙テープABCDを折り返すときにできる△PNMが二等辺三角形になることを証明してみます。

（注2）

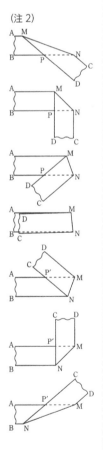

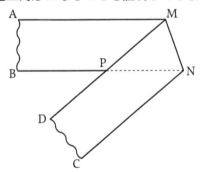

<図13−2：△PNMが二等辺三角形になるモデル図>

【証明例1（線対称移動等の利用）】

次の図13−3のように，折り返して折り目MNの付いた紙テープを，もとの状態ABC′D′に戻し広げてみると，

∠PMN＝∠D′MN　…①

また，AD′∥BC′より，

∠D′MN＝∠PNM（∵錯角が等しい）　…②

①，②より，∠PMN＝∠PNM

したがって，△PNMは二等辺三角形である。

【証明終】

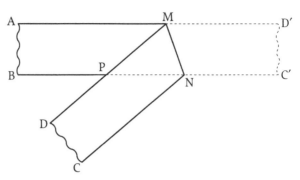

<図13－3：【証明例1】の説明図>

【証明例2（補助線等の利用）】

　次の図13－4のように，点Pから直線AM，CNに垂線を引き，その交点をそれぞれ点E，Fとする。

　　△PMEと△PNFにおいて，

　　　PE＝PF（＝紙テープの幅）　…①

　　　∠MEP＝∠NFP（＝90度）　…②

　　　∠EPM＝∠FPN（＝90度－∠MPN）　…③

　①，②，③より，1組の辺とその両端の角がそれぞれ等しいことから，

　　　△PME≡△PNF

　よって，対応する辺の長さは等しいことより，PM＝PN

　したがって，△PNMは二等辺三角形である。

　　　　　　　　　　　　　　　　　　　　　　　　　　　　【証明終】

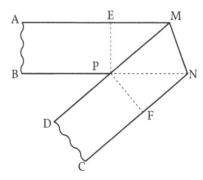

<図13－4：【証明例2】の説明図>

【証明例3（補助線等の利用）】

　次の図13－5のように，2点M，Nからそれぞれ対辺またはその延長線上に垂線を引き，その交点をM′，N′とする。

　　△PMM′と△PNN′において，

　　　MM′＝NN′（＝紙テープの幅）　…①

$\angle \text{PM}'\text{M} = \angle \text{PN}'\text{N} \ (=90\,\text{度}) \ \cdots ②$

$\angle \text{MPN} = \angle \text{NPM} \ (共通) \ \cdots ③$

②，③より，

$\angle \text{PMM}' = \angle \text{PNN}' \ \cdots ④$

①，②，④より，1組の辺とその両端の角がそれぞれ等しいことから，

$\triangle \text{PMM}' \equiv \triangle \text{PNN}'$

よって，対応する辺の長さは等しいことより，PM＝PN

したがって，△PNM は二等辺三角形である^(注)。

【証明終】

（注）
紙テープの折り様により MD, NB が直交する場合は，MM'，NN' を引くまでもない。

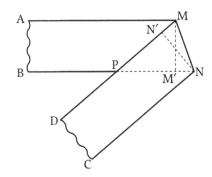

<図 13−5：二等辺三角形になる説明図>

2 結び目は正五角形

前述の【紙テープを折り返す問題】で得た知見「△PNM は二等辺三角形」を利用すれば，89 ページでも触れた次のような【結び目の問題】を解決できそうです。

【結び目の問題】

次の図 13−6 のように，AD∥BC である紙テープ ABCD で結び目をつくると，その結び EFGHJ は正五角形となることを証明しなさい。

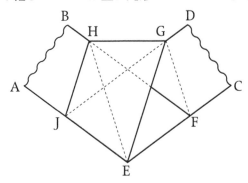

<図 13−6：【結び目の問題】>

【証明】

　図 13－6 で紙面 ABFE を引き抜いても五角形の形は崩れないで，次の図 13－7 のようになる。この図 13－7 で，前述の【紙テープを折り返す問題】の知見より，2 つの紙面 ABGH と EGHJ とが重なってできる△ EGH は二等辺三角形となる。同様にして，2 つの紙面 CDJE と EGHJ とが重なってできる△ GJE も二等辺三角形となる。

　ここで，図 13－8 のように，△ EGH と△ GEJ は線分 EG を共有し，点 H，J からそれぞれ EG に引いた垂線（交点を H′，J′ とする）が紙テープの幅に等しく，点 H が∠ JEG の内側にあるから，△ EGH ≡△ GEJ となる[注1]。よって，対応する角及び辺がそれぞれ等しいことより，

$$\angle EGH = \angle EHG = \angle GJE = \angle GEJ（=\alpha とおく）\cdots ①$$

$$GH = JE \cdots ②$$

また，紙面 EGHJ を E′GHJ′ に置き換えて考えてみると[注2]，

$$\angle E'GH = \angle EGH（=\alpha）$$

$$\angle FGE = \angle EHJ = \angle HJG = \angle GEF（=180 度-2\alpha）\cdots ③$$

①，③より，

$$\angle FGH = \angle GHJ = \angle HJE = \angle JEF \cdots ④$$

また，図 13－7 で∠ JEF と∠ AEF は図 13－6 では相重なっているから，

$$\angle JEF = \angle AEF$$

$$= \angle EFG（\because AH \parallel BG より錯角が等しい）\cdots ⑤$$

④，⑤より，五角形 EFGHJ は等角五角形である[注3]。　　　…⑥

　さらに，図 13－6 で HF ∥ JE，JG ∥ EF，EH ∥ FG より，四角形 HJEF，JEFG，EFGH はともに等脚台形となるから，

$$HJ = EF，JE = FG，EF = GH \cdots ⑦$$

よって，②，⑦より，五角形 EFGHJ は等辺五角形である。　　…⑧

　したがって，⑥，⑧より，五角形 EFGHJ は正五角形である。

【証明終】

（注1）
直角三角形の合同条件より，
△ HH′E ≡△ JJ′G
△ HH′G ≡△ JJ′E

（注2）
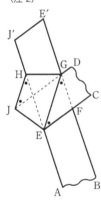

（注3）
等角五角形は正五角形とは限らない。

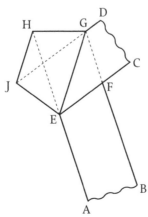

＜図 13－7：図 13－6 で紙面 ABEF を引き抜いた状態＞

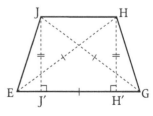

＜図 13－8：△ EGH ≡△ GEJ の説明図＞

年　　　組　　名前

　次の図のように，AD∥BC である紙テープ ABCD を二つ折りにしてできる△ PNM を正三角形にするには，どのように折ればよいでしょうか。

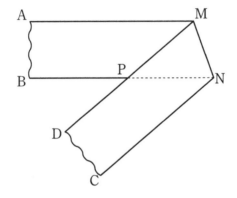

第 14 話

折り重ね切りを楽しもう！

紙テープを何回か折り重ねて（谷折りを繰り返して）切り分けます。

1回折り重ねて切り分けると，3枚に分けられます。

2回折り重ねて切り分けると，5枚に分けられます。

では，5回折り重ねて切り分けると，何枚に分けられるでしょうか？

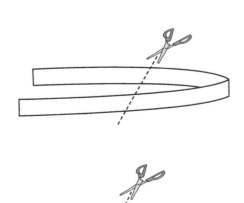

:
:

1 折り重ね切りを楽しもう！

　前述の第13話では，紙テープを使って「折り重ね」を楽しみました。今回はさらに調子に乗って，【折り重ね切り問題】にチャレンジします。ここでの【折り重ね切り問題】とは，次の図14−1のように，「帯状の紙テープを何回か折り重ねて（谷折りを繰り返して）切り分けるとき，何枚の紙に分けられるか」という問題です。

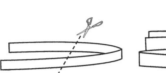  

（1回折り重ねる場合）　（2回折り重ねる場合）　（3回折り重ねる場合）

<図14−1：【折り重ね切り問題】>

2 「折り重ね切り問題」に内在する関数的な関係の発見

(1)　分けられる枚数 $f(n)$ の変化量への着目

　【折り重ね切り問題】にどのような数学的な関係が内在しているのかを探ってみます。折り重ねの回数が数回程度ならば，実際に紙テープを切り分けることで手っ取り早く答えを求められます（注）。それらの結果を対応表に整理してみると，次の表14−1のようになります。しかし，折り重ねの回数が多い場合は，数学的に一般化して捉える必要があります。

<表14−1：【折り重ね切り問題】の試行結果>

折り重ねる回数：n	1	2	3	4	5	…
分けられる枚数：$f(n)$	3	5	9	17	33	…

(2)　分けられる枚数 $f(n)$ の別の変化量への関係づけ

　折り重ねる回数 n が変わるとき，分けられる枚数 $f(n)$ ばかりでなく，「折り目の数」や「ハサミで紙を切る箇所の数（紙テープを伸ばしたときに切られている箇所の数）」なども伴って変わります。紙を n 回折り重ねるときに発生する折り目の数を $g(n)$ とし，ハサミで紙を切る箇所の数を $h(n)$ と名付けておきます。それらを対応表で整理すると，次の表14−2のようになります。

<表14−2：【折り重ね切り問題】の対応表>

折り重ねる回数：n	1	2	3	4	5	…
分けられる枚数：$f(n)$	3	5	9	17	33	…
折り目の数：$g(n)$	1	3	7	15	31	…
切る箇所の数：$h(n)$	2	4	8	16	32	…

（注）
実際に紙テープをハサミで切り分けられるのは，折り重ねの回数が5回程度まで。

　この表 14−2 を注意深く見取ることにより，次の表 14−3 のような様々な関係式を発見することができます。つまり，折り重ねる回数 n に対して，折り目の数 $g(n)$ や切る箇所の数 $h(n)$ を分けられる枚数 $f(n)$ に関係づけることで，【折り重ね切り問題】を様々に解決できそうです。

<表 14−3：【折り重ね切り問題】に内在する様々な関係>

番号	関係式	言葉の式など
①	$f(n)=g(n)+2$	（分けられる枚数）＝（折り目の数）＋2
②	$f(n)=h(n)+1$	（分けられる枚数）＝（切る箇所の数）＋1
③	$h(n)=g(n)+1$	（切る箇所の数）＝（折り目の数）＋1
④	$f(n)\times2-1=f(n+1)$	（前の枚数）×2−1＝（次の枚数）
⑤	$f(n+1)-f(n)=2^n$	枚数の増加量は 2 の累乗ずつ増える
⑥	$h(n)\times2=h(n+1)$	切る箇所の数は 2 倍（倍々）になる
⑦	$g(n)\times2+1=g(n+1)$	（前の折り目の数）×2＋1＝（次の折り目の数）
⑧	$g(n)+h(n)=g(n+1)$	（折り目の数）＋（切る箇所の数）＝（次の折り目の数）
⑨	$\{f(n)+g(n)\}\div2=h(n)$	（分けられる枚数 ＋ 折り目の数）÷2＝（切る箇所の数）

3　発見した関係式の数学的な捉え

　前掲の表 14−3 のように，【折り重ね切り問題】には様々な数学的な関係や規則が内在します。それら①〜⑨の関係は，以下の(1)〜(5)などのように数学的に捉えることができます。

(1)　$f(n)=g(n)+2$：（分けられる枚数）＝（折り目の数）＋2

　次の図 14−2 のように，折り重ねた紙テープを帯状に引き伸ばして注意深く観察すれば，折り目は両端の紙 2 枚を除き切り分けられる紙に必ず入っていることが分かります。別の言い方をすれば，両端の 2 枚を除いて考えると，枚数 $f(n)$ は折り目の数 $g(n)$ に一致します。$f(n)=g(n)+2$ の「＋2」は，両端の紙の枚数 2 を意味すると解釈できます。つまるところ，折り目の数 $g(n)$ を把握できれば，この関係式 $f(n)=g(n)+2$ より枚数 $f(n)$ を捉えることができます。

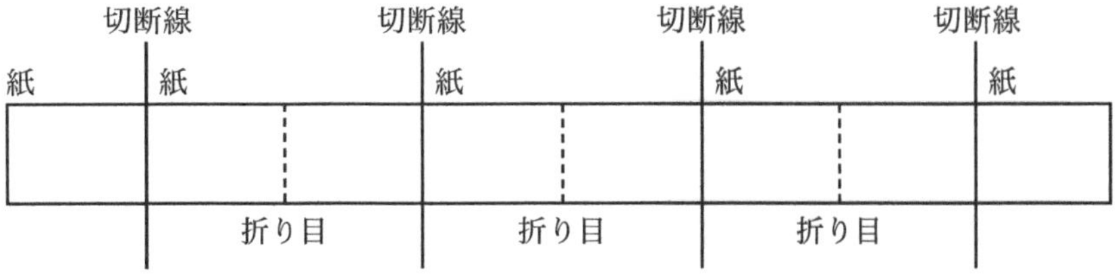

<図 14−2：「切り分けられる枚数」と「折り目の数」の関係>

　折り目の数 $g(n)$ を把握するためには，例えば次の図 14−3 のような

モデル図が理解の助けになるかもしれません。図14-3のように「あえて両端をつないだ輪状の紙テープの折り重ねる場面」をもとに「折り重ね切り問題」の解決を図ってみます。図14-3から分かるように，一般に「輪状の紙テープの折り重ねる場面」では，n 回折るとき折り目の数は 2^n となります[注]。よって，【折り重ね切り問題】では紙テープの一端が開いていることから，「輪状の紙テープの折り重ねる場面」に比べて折り目の数は常に 1 つ少なくなります。つまり，折り目の数 $g(n)$ は，$g(n) = 2^n - 1$ となります。以上より，関係式 $f(n) = g(n) + 2 = 2^n + 1$ にたどり着くことができます。

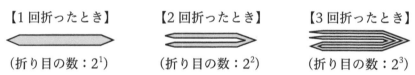

【1回折ったとき】　【2回折ったとき】　【3回折ったとき】

（折り目の数：2^1）　（折り目の数：2^2）　（折り目の数：2^3）

<図14-3：輪状の紙テープの折り重ねる場面のモデル図>

(2)　$f(n) = h(n) + 1$：（分けられる枚数）=（切る箇所の数）+1，

$h(n) \times 2 = h(n+1)$：切る箇所の数は 2 倍になっている

関係式 $f(n) = h(n) + 1$ には，「ハサミで 1 箇所を切れば，切り分けられる紙が 1 枚増える」という紙を切り分けるときの原理を式で表したものです。また，$f(n) = h(n) + 1$ の「+1」は，ハサミで切り分ける前に元々あった紙 1 枚と解釈できます。

ところで，次の図14-4のように，【折り重ね切り問題】をハサミで切る箇所の数 $h(n)$ は単純に紙を重ね切る場面（両端が繋がっていない紙を重ねて切る場面）で考え直しても，その $h(n)$ の数は変わりません。1 回折る度に重なる枚数は 2 倍になり，ハサミを入れる箇所も 2 倍ずつ増えます。式で表現すれば，$h(n) \times 2 = h(n+1)$，$h(n) = 2^n$ となります。以上より，$f(n) = h(n) + 1 = 2^n + 1$ となります。

【1回折ったとき】　　【2回折ったとき】　　【3回折ったとき】

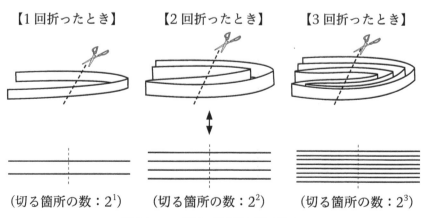

（切る箇所の数：2^1）　（切る箇所の数：2^2）　（切る箇所の数：2^3）

<図14-4：単純に紙を重ね切る場面>

(3)　$h(n) = g(n) + 1$：(切る箇所の数)＝(折り目の数)＋1

　前掲の表14-3①，②の関係式，$f(n) = g(n) + 2$，$f(n) = h(n) + 1$ を連立して $f(n)$ を消去すれば，$h(n) = g(n) + 1$ を得ることができます。また，次の図14-5のように，折り重ねた紙テープを帯状に引き伸ばして観察すれば，「切断線（切る箇所）は，折り目と折り目の間に必ず入る構造」を視覚的に把握できます。結果，「$h(n) = g(n) + 1$：(切る箇所の数)＝(折り目の数)＋1」を捉えることができます[注]。

（注）
「＋1」は，元々あった1枚の紙を表す。

【2回折ったとき】

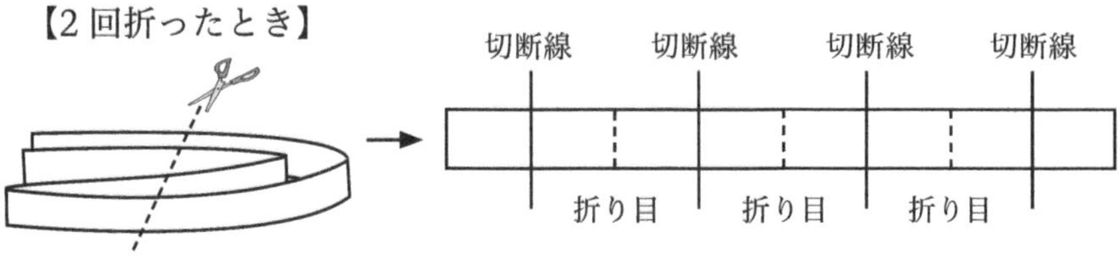

<図14-5：「$h(n) = g(n) + 1$：(切る箇所の数)＝(折り目の数)＋1」の捉え>

(4)　$f(n) \times 2 - 1 = f(n+1)$：(前の枚数) × 2 − 1＝(次の枚数)，

　　$f(n+1) - f(n) = 2^n$：枚数の増加量は2の累乗ずつ増える

　これらの関係式は，次のように捉えることができます。

　例えば前述 **3** (1), (2)などにより，

　　$f(n) = 2^n + 1$，$f(n+1) = 2^{n+1} + 1$ ですから，

　　　$f(n+1) - \{f(n) \times 2 - 1\}$

　　$= 2^{n+1} + 1 - \{(2^n + 1) \times 2 - 1\}$

　　$= 0$

　よって，$f(n) \times 2 - 1 = f(n+1)$ となります。

　また，$f(n)$ の階差に注目すれば，

　　　$f(n+1) - f(n)$

　　$= (2^{n+1} + 1) - (2^n + 1)$

　　$= 2^n$

　よって，$f(n+1) - f(n) = 2^n$ となります。

　ところで，次の図14-6や図14-7などから，関係式 $f(n) \times 2 - 1 = f(n+1)$ を導き出すこともできます。まず，図14-6のように，対象となる図を引き伸ばして捉え直します。図14-6の下図のように切り分けても，n に対する $f(n)$ の値は【折り重ね切り問題】の場合と変わらないことが分かります。

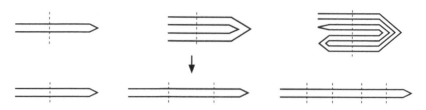

<図14−6：図の引き伸しによる捉え（1回〜3回折り重ねる場合）>

　ここで，一般的な場合について考えてみます。図14−7の左図のように n 回折るとき，$\boxed{n}$ 印の付いた切る箇所（切る箇所総数 2^n のうち一番右端にある箇所）の左側に a 枚の紙があるとすると，$\boxed{n}$ 印の右側にある紙の数は折り目の入った1枚だけです。そこでさらに1回（通算 $n+1$ 回）折れば，図14−7の右図のようになります。$\boxed{n+1}$ 印の付いた箇所（切る箇所総数 2^{n+1} のうち一番右端にある箇所）の左側にある紙の枚数は $2 \times a$ となります。一方，$\boxed{n+1}$ 印の右側にある紙の枚数は1枚のままです。以上のことから，「$f(n) \times 2 - 1 = f(n+1)$：（前の枚数）$\times 2 - 1 =$（次の枚数）」となります。

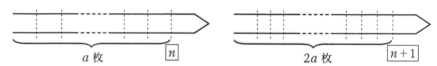

<図14−7：図の引き伸しによる捉え（左図：n 回折る場合，右図：$n+1$ 回折る場合）>

⑸　$g(n) \times 2 + 1 = g(n+1)$：
　　（前の折り目の数）$\times 2 + 1 =$（次の折り目の数）

　前述の **3** ⑴，⑵より，$f(n) = g(n) + 2$，$f(n) = 2^n + 1$ であると分かりました。ここで，それらの関係式を連立して $f(n)$ を消去すれば，$g(n) = 2^n - 1$ となることから，

$$g(n) \times 2 + 1$$
$$= (2^n - 1) \times 2 + 1$$
$$= 2^{n+1} - 1$$
$$= g(n+1)$$

　よって，$g(n) \times 2 + 1 = g(n+1)$ となります。

　また，別のアプローチとして，次の図14−8などからも $g(n) \times 2 + 1 = g(n+1)$ を捉えることができます。図14−8の左図（2回折り重ねる場合）と図14−8の右図（3回折り重ねる場合）を，折り目の発生する位置に注視しながら比較してみます。

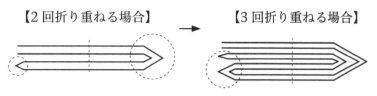

【2回折り重ねる場合】　　→　　【3回折り重ねる場合】

<図14－8：折り目の発生の捉え>

　図14－8の右図で新たに発生する折り目（3回折り重ねにより新たに生じる折り目）の数は，図14－8の左図で現在の折り目（2回折り重ねで生じている折り目）を除くハサミで切断する箇所の数と捉えることができます。補足すれば，図14－8の右図で左側にある点線で囲んだ折り目は，2回折り重ねで既に生成されていた折り目であり，図14－8の右図の右側で発生する折り目が3回折り重ねで新たに生じた折り目と捉えることができます。さらに，図14－8の右図の左側一番上の端のみは開いており，折り目がないことも確認できます。このことから，仮に左側一番上の端が閉じており折り目があれば，$g(n) \times 2 = g(n+1)$ となることから，【折り重ね切り問題】の場合では，$g(n) \times 2 = g(n+1) - 1$ となります。すなわち，$g(n) \times 2 + 1 = g(n+1)$ となります。

　以上のように，【折り重ね切り問題】には中学校の数学授業でも取り扱い可能な様々な関数的な関係が内在しています。また，それらの関係の中には生徒にとって未学習である $f(n) = 2^n + 1$ などの関係を含みますが，対応表等を注視することにより生徒自身でもそれらの関係を見出すことが可能です。あるいは，$f(n) = 2^n + 1$ を直接的に捉えることは困難であっても，折り目の数やハサミで切る箇所の数に着目することで，関係式 $f(n) = g(n) + 2$，$f(n) = h(n) + 1$ などを見出し，最終的には $f(n)$ を捉えることができます。

　…紙テープも，ここまで使われれば本望でしょう！

年　　　組　　名前
_____

　前述の「折り重ね切り問題」で，折り重ねる回数 n に対して，「折り目の数 $g(n)$」と「切る箇所の数 $h(n)$」の和が「次の折り目の数 $g(n+1)$」と等しくなることを確かめなさい。

第15話

四面体の展開図を楽しもう！

　紙で作られた正四面体を切り開くと，どのような図形が現れるでしょうか？

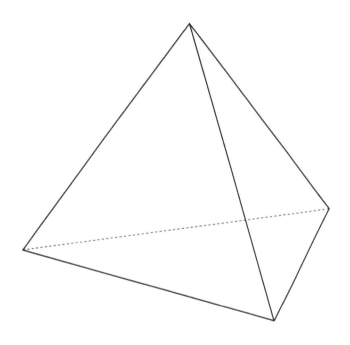

1 展開図を楽しもう！

　今回は，「展開図」に係わる話題です。対象を正四面体に絞り，その展開図を楽しみます。そもそも，展開図とは何でしょうか。次の図15−1のように，算数の教科書では展開図の定義を記述しています[注1]。

（注1）
一松信ほか（2020）
『みんなと学ぶ小学校算数 4 年下』，
学校図書，p.103

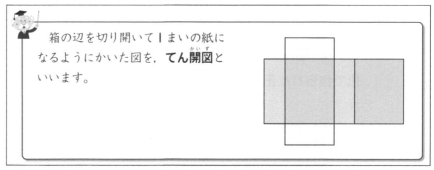

　箱の辺を切り開いて１まいの紙になるようにかいた図を，**てん開図**といいます。

<図15−1：展開図の定義（小学校算数）>

　一方で，次の図15−2のように，中学校数学の教科書では展開図に関して説明されています[注2]。展開図が「立体図形を一つの平面上に切り開いた図である」ことについては，どちらの教科書でも大した違いはありません。しかしながら，具体的に切り開いてよい部位については，微妙に違っています。文字通り教科書の記述にしたがえば，算数では切り開いてよい部位は「辺」に限定されます。それに対して，中学校数学では「辺や母線など」と，少しゆる〜い制限となっています。なにやら，胸がワクワク，ドキドキしてきました。早々に，ちょっと突っ込みを入れてみましょう。

（注2）
一松信ほか（2016）
『中学校数学 1』，
学校図書，p.210

〔2〕　次の図の円柱について，必要な長さを求め，展開図をかきましょう。

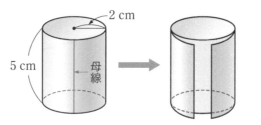

2 cm

5 cm

母線

　展開図は，立体の各面をその辺や母線などにそって切り開き，平面上に表したものである。展開図では，立体の辺や部分の実際の長さを示すことができる。

<図15−2：展開図の説明例（中学校数学）>

2 正四面体の展開図を探究する

　例えば，「正四面体を切り開くとき，どのような平面図形ができるか」

という課題で探究してみます。通常の授業に倣って，仮に辺のみを切り開くことに限定すれば，正四面体の展開図として，次の図15－3の右のような正三角形や平行四辺形などが想定されます。

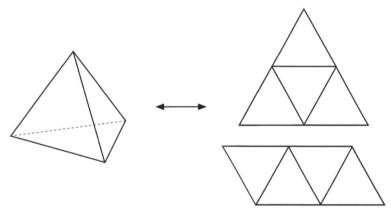

<図15－3：正四面体の見取り図（左）と展開図（右）＞

　ここで，悪乗り!?して展開図の定義を広く捉えてみます。正四面体を辺のみで切り開くことに制限しない条件のもとで，どのような図形ができるでしょうか。正三角形や平行四辺形以外の図形は作成不可能なのでしょうか。試しに，児童にチャレンジしてもらいました[注]。

　彼らは，紙で作られた正四面体を切り開いたり組み立てたり，往来的な操作活動を続けます。正四面体をやみくもに切り開くばかりでなく，図15－3の展開図を手がかりに長方形の可能性を模索するグループも見られます。努力の甲斐あって，図15－4～図15－6のような長方形や台形があちこちで発見されてきます。ドヤ顔で「長方形ができた！」と教師に迫る児童もいます（笑）。「オレのつくった長方形と，どうして違うの？」などと，長方形と言っても形の異なる長方形（図15－4と図15－5）が存在することに気付く児童も見られます。「どのように切り開いたのか」，児童同士の自主的なやりとりが続きます。つまるところ，本教材は数学的コミュニケーションを促進する一教材としても価値がありそうです。

（注）
対象：公立Ｇ小学校6年生
実施日：2008年12月4日

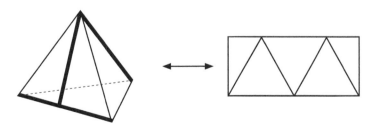

<図15－4：長方形の作成例①（正四面体を太線で切り開く）＞

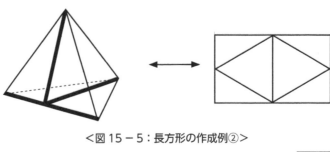

<図 15 － 5 : 長方形の作成例②＞

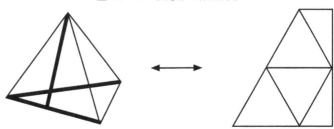

<図 15 － 6 : 台形の作成例＞

3 正方形の展開図はありえない!?

「正四面体を切り開くとき，正三角形，平行四辺形，長方形，台形など
の図形が作成可能である」と，数学的活動を通して分かりました。ここま
で進むと，「正方形はできないのか」といった新たな問いも登場しそうで
す。操作活動を重ねれば，正方形をつくることはできないと推測できます
が，演繹的な推論も加えてスッキリしたいところです。

仮に，1辺の長さが1の正四面体を切り開き正方形をつくれたと仮定す
ると，その正方形の1辺の長さは $^4\sqrt{3}$（≒ 1.3）となります(注)。

（∵ ［1辺が1の正四面体の表面積］

$$= \frac{1}{2} \times 1 \times \frac{\sqrt{3}}{2} \times 4 = \sqrt{3} = ［正方形の面積］）$$

ここで，次の(1)～(3)などを数学的知見として認知することができます。

(1) **正四面体の頂点は正方形の内側（周辺を含まない）には存在しえない**
（∵次の図 15 － 7 のように，その頂点の周りが平面になってしまい，立体
の頂点をなしえない）

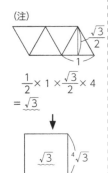

（注）

$\frac{1}{2} \times 1 \times \frac{\sqrt{3}}{2} \times 4$
$= \sqrt{3}$

$\sqrt{3}$ $^4\sqrt{3}$

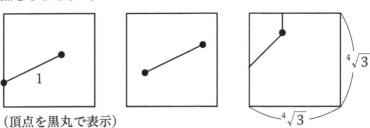

（頂点を黒丸で表示）

<図 15 － 7 : 仮想モデル図（頂点が正方形の内側にある場合）＞

(2)　正四面体のある辺の一部は，正方形の内側に必ず描かれる

（∵正四面体の辺の長さは合計 $1×6=6$ であり，正方形の辺の長さの合計は $\sqrt[4]{3}×4<6$ なので，正四面体の辺を正方形の辺だけで描くことは不可能）

(3)　正四面体の頂点が正方形の辺上（内側にない）にある場合も存在しえない

（∵次の図 15−8 のように，頂点が内側にできてしまうことから存在しえない）

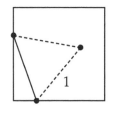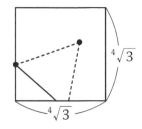

＜図 15−8：仮想モデル図（頂点が正方形の辺上にある場合）＞

　　以上の(1)〜(3)より，正四面体を切り開いて正方形をつくることはできないと分かります。別な言い方をすれば，正四面体を切り開いて正三角形，平行四辺形，長方形，台形をつくれるのは，正四面体のすべての頂点をそれらの平面図形の内側ではなく周辺上に位置させることが可能だからとも言えます。つまるところ，前提となる決まり事（展開図の定義）をチョッピリ変えるだけで，深みのある豊かな授業への可能性が広がります。

　　…たとえ授業ネタに至らなくとも，本話題に真剣に取り組めば，きっと空間の認識力が高まり，手先も鍛えられると信じています！

年　　　組　　名前
_____

　次の図のように，紙でできた正四面体を太い線で切り開くとどのような図形になります か。

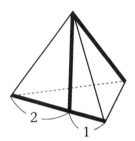

第16話

影の長さを楽しもう！

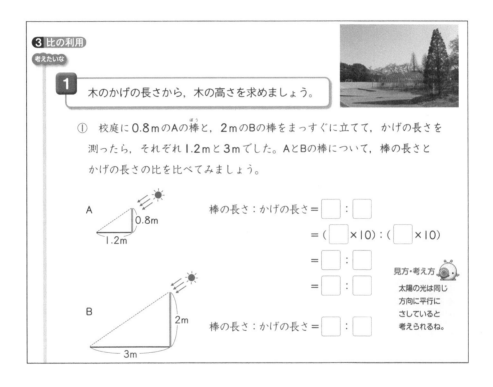

3 比の利用

考えたいな

1 木のかげの長さから，木の高さを求めましょう。

① 校庭に0.8mのAの棒と，2mのBの棒をまっすぐに立てて，かげの長さを測ったら，それぞれ1.2mと3mでした。AとBの棒について，棒の長さとかげの長さの比を比べてみましょう。

A

0.8m

1.2m

棒の長さ：かげの長さ ＝ □ ： □

＝ (□ ×10) : (□ ×10)

＝ □ ： □

＝ □ ： □

B

2m

3m

棒の長さ：かげの長さ ＝ □ ： □

見方・考え方

太陽の光は同じ方向に平行にさしていると考えられるね。

…今回は，「影の長さ」に係わって色々と楽しみます。

（注）一松信ほか（2020）『みんなと学ぶ小学校算数6年』，学校図書，p.139

Ⅰ 「長い影」って，どれくらい？

　109 ページのような「木の影の長さ」に係わる題材は，中学校数学の授業でも手軽に楽しめる使い勝手のよい題材です。ここではスケールアップして，「東京スカイスリー（以後，TST と略記）の影の長さ」を楽しみます。まずは，次の図 16－1 をご覧ください。図 16－1 は，新聞に掲載された TST の写真 (注) です。TST の「長い影」に，しばらく時を忘れて目を留めた読者の方々もいらしたのではないでしょうか。

（注）
読売新聞，2015 年
12 月 23 日
朝刊 33 頁

<図 16－1：新聞に掲載された TST の写真>

　また，図 16－1 の写真には，次の図 16－2 のような記事が添えられていました。

短い昼、長い影

太陽の昇る高さが1年で一番低く、日照時間も短い「冬至」の22日、東京スカイツリー（墨田区、高さ634㍍）の足元から長い影が伸びた＝写真＝。この日は、11月中旬並みの暖かさ。展望台には朝から多くの観光客が訪れ、富士山までくっきり見渡せる眺望を楽しんだ。

<図16-2：図16-1の写真に添えられた記事>

ただ，天邪鬼の筆者からすれば，図16-2の記事を素直に受け入れられず，ついつい色々と突っ込みを入れたくなってしまいます（笑）。そもそも，見出しの「長い影」とは具体的にどれくらいの長さなのか。太陽による影の長さは同日であっても朝方や夕方では長く，昼近くでは短くなることを我々は経験的に知っています。懐疑的に言えば，影の長さをより強調的に都合よく読者に印象づけるため，日の出して間もない朝方や日の入り間際の夕刻に撮影したものではないか。フェイクニュースが賑わっている昨今，物事を不用意に信じてはいけません。ここでは，TSTの撮影時刻は平成27年12月22日の何時何分なのか，正確な時刻をはっきりさせたいところです。

2 撮影時刻の推定

地球の回転度とその経過時間を比例関係と捉えれば，次のように地球は1度回転するために4分間の時間を要すると分かります。

　　1日で1回転 ⇒ 24時間で360度回転

　　　　　　　　⇒ 1時間で15度回転

　　　　　　　　⇒ 4分間で1度回転

また，日本の標準時間は東経135度を基準としています。地名で言えば，兵庫県明石市あたりです。言い換えれば，昼の12時に南中（太陽が真南にあり最も高度が高くなるとき）になるのは明石市の地点であり，経度の異なる他の地点において南中となるのは，12時からずれた時刻となります。ここでGoogle等を利用して検索すれば，TST地点の経度は約139.81度との情報を得られます。これらの情報から，冬至日のTST地点における南中時刻は，12時から$(139.81 - 135) \times 4$（分）を引いた結果

より，午前11時41分頃となります。より正確な南中時刻は，国立天文台のホームページ「こよみの計算」からの情報を読み取れば，午前11時39分頃（午前11時38分59秒）と確認できます。正確な南中時刻と比べて多少の誤差が生じるのは，地球の公転などを無視して筆者がモデル化したためでしょう。

　仮に，この午前11時39分頃，つまりTST地点における南中時刻に図16－1の写真が撮影されたと仮定すれば，TSTの影は真北の方向へ伸びることになります。しかし，Google Map等を利用してTST付近の方位に係わる情報を整理してみると，TSTの影は真北ではなく，反時計回りに約40度ずれて北西方向へ伸びていることが分かります（図16－3）。

　TSTの影が真北ではなく北西方向へ伸びていることから，図16－1の写真は午前中に撮影したと判断できます。また，この40度のずれが生じるには，160（＝40×4）分間の時間を必要とします。つまり図16－1の写真はTST地点での南中時刻午前11時39分から160分前，すなわち，午前8時59分頃に撮影されたと推定できます。

　ちなみに，図16－1の写真を撮影した読売新聞社に照会してみたところ，実際の撮影時刻は午前8時48分だそうです。

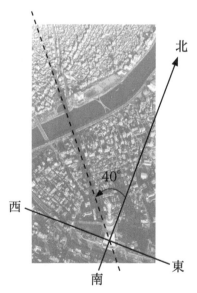

<図16－3：影の方向の推定>

3　TSTの影の長さの推定

　TSTの影の長さは，色々な方法で求めることができます。安直に答えを求めたいならば，Google Map等の機能を使って影の長さを瞬時に得られます。また，Google Map等がなくとも，例えば撮影時刻での太陽

高度 18.4 度をもとに，次の図 16−4 のようなモデルの直角三角形 ABC を作図して，TST の影の長さ 1905.87 m を推定できます。

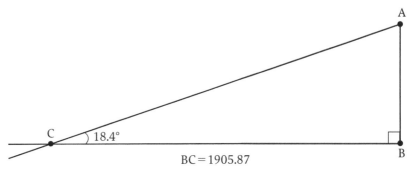

<図 16−4：作図の利用による影の長さの推定>

（注）
太陽高度を数学的に
求めるには球面幾何
などの知識が必要。

太陽高度の数値 18.4 度は，前述の国立天文台の「こよみの計算」から読み取ることがきできます[注]。また，図 16−4 の具体的な作図手順は，次の①～⑤などになります。ここでは数学ソフトウェア GeoGebra などを利用して求めています。

①線分 AB（634：TST の高さに設定）を引く。

②点 B を通り線分 AB に垂直な直線 g を引く。

③太陽高度∠C が 18.4 度であるから，∠A が 71.6 度となるように半直線 AB′ を引く。

④半直線 AB′ と直線 g の交点 C を求める。

⑤決定した線分 BC の長さを GeoGebra に測定させ，画面表示させる（BC＝1905.87）。

　もちろん，パソコンなどを使わずに伝統的な手法によって作図することも可能です。試しに，中学生に AB＝63.4（cm），∠A ≒ 71.6（度）である巨大な直角三角形ABCを紙面上に作図してもらったところ，BC の長さは 188.1 cm となりました。三角形の相似を利用すれば，TST の影の長さは約 1881 m と推定できます。この推定値は図 16−4 で得た値 1905.87 m と遜色ないように思います。

　…紙と鉛筆も，まだまだ捨てたものではないです！

年　　　　組　　名前

_____

　次の図は，春分の日における太陽の軌道を天球の半大円と捉えてモデル化したものであり，O は観察地点，P は太陽の位置，P_0 は南中時の太陽の位置（∠P_0OH_0 は南中高度）をそれぞれ表しています。

　ここで，太陽高度 ∠POH $= x$（度）に関して，∠PQH $= \alpha$（度），∠POQ $= \beta$（度）とおくとき $\sin x$ の値を α，β で表しなさい。

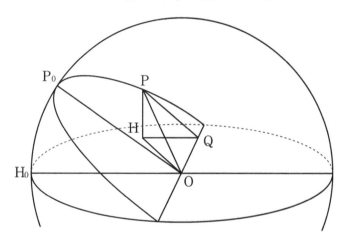

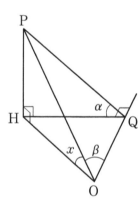

（左図の拡大図）

第 17 話

反応の速さを楽しもう！

「目からの情報（視覚刺激）」と
「耳からの情報（聴覚刺激）」とでは，
どちらの方が素早く反応できるでしょうか？

VS.

Ⅰ 反応の速さを楽しもう！

　今回の話題は「反応の速さ」です。「反応の速さ」に係わって筆者は以前から，陸上競技での「スタート・インフォメーション・システム」に関心を持っています。スタート・インフォメーション・システムとは，スターティングブロックに取り付けたセンサーのことです。主に短距離走のスタート時で使用されています。このセンサーで各選手のスタート合図（号砲，聴覚刺激）からの反応時間を検出します[注1]。各選手の反応時間が0.100秒未満の場合，このセンサーは不正スタートとして感知します。その場合，「合図を聞く前に反応した」として不正スタートが認定され，該当選手は失格となります（日本陸上競技連盟，2020）。このルールは「人間がスタート合図を聞いて反応できるのに0.100秒かかる」という医学的な根拠に基づいています。ただ，最近の研究で「0.1秒未満に反応できる選手がいるのではないか」との可能性が提示され議論を呼んでいます。

　また，反応の速さに係わって，教科書では次の図17−1のような「ルーラーキャッチ」による実験が取り上げられています[注2]。

（注1）
スターティングブロックにかかる圧力変化を利用して反応時間を測定している。

（注2）
池田敏和ほか
（2021）
『中学校数学1』，
学校図書，p.232

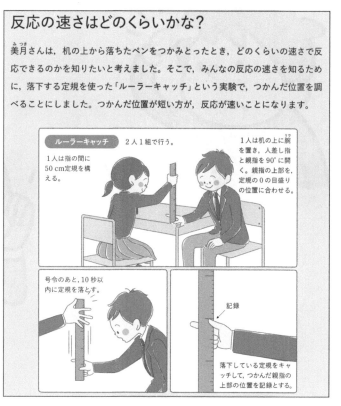

<図17−1：ルーラーキャッチによる実験>

　ルーラーキャッチの実験では，目からの情報（視覚刺激）に対する反応

時間を直接的に計測する代わりに，ルーラーの目盛り（長さ）を利用して数値化し捉えることができます。ルーラーキャッチの実験は，どの教室でも手軽に実施できる好題材です。

2 「視覚刺激の反応時間」と「聴覚刺激の反応時間」の比較

とりあえず，前述の視覚刺激及び聴覚刺激に対する反応時間をそれぞれ調べてみましょう。ただ，高精度で計測しようとすれば，それなりの費用がかかりますので，今回はインターネット上で公開されている無料の簡易反応速度計測ツールを利用して模擬的に実験します[注1]。具体的にはパソコン上で次の操作を行い，その操作時間を自動計時します。

・パソコン画面の色が変わったら反応ボタンを押す（視覚刺激の実験）
・パソコンから音が聞こえたら反応ボタンを押す（聴覚刺激の実験）

実験結果（各10回）を表に整理すると，次の表17－1，17－2のようになります[注2]。

<表17－1：「視覚刺激」に対する反応時間（単位：ms，ミリ秒）[注3]>

回数	1	2	3	4	5	6	7	8	9	10	平均値	最小値
S1	263	279	258	269	215	279	256	359	244	241	266	215
S2	202	359	239	253	247	249	279	203	251	279	256	202
S3	257	257	305	262	287	248	217	256	273	249	261	217
S4	238	207	211	252	214	215	243	213	308	223	232	207
S5	384	438	441	365	484	417	472	489	443	339	427	339
S6	240	245	223	228	245	248	309	258	221	253	247	221
S7	288	264	224	235	329	250	233	235	258	240	256	224
S8	215	192	197	238	265	233	207	218	216	239	222	192
S9	226	248	225	226	265	209	215	303	364	279	256	209
S10	370	436	331	435	327	546	276	343	400	333	380	276
S11	249	320	273	265	335	209	236	279	219	248	263	209
S12	245	291	218	223	239	282	291	282	248	465	278	218
S13	245	272	327	316	315	307	252	258	407	286	299	245
S14	321	234	245	325	222	241	372	271	259	259	275	222

<表17－2：「聴覚刺激」に対する反応時間（単位：ms）>

回数	1	2	3	4	5	6	7	8	9	10	平均値	最小値
S1	235	208	334	398	344	211	406	306	345	350	314	208
S2	217	187	208	309	348	306	301	227	292	216	261	187
S3	522	386	476	452	457	509	519	371	406	662	476	371
S4	421	207	301	354	389	406	234	362	372	386	343	207
S5	419	363	421	239	338	249	257	292	460	236	327	236
S6	406	246	368	354	351	331	244	345	320	245	321	244
S7	342	206	356	373	316	300	215	332	367	355	316	206
S8	336	325	354	356	132	422	303	310	342	329	321	132
S9	298	397	298	288	472	396	190	320	107	386	315	107
S10	226	320	325	404	537	236	227	202	207	268	295	202
S11	320	259	295	324	373	255	469	342	394	308	334	255
S12	229	525	359	368	374	405	310	448	361	338	372	229
S13	335	314	456	385	392	287	410	431	332	391	373	287
S14	266	221	231	339	334	189	237	298	190	231	254	189

（注1）
例えば，
https://wtetsu.
github.io/reaction-
time/

（注2）
対象：国立A中学校2年女子14名（S1〜S14）
実施日：2020年11月2日

（注3）
1000ms＝1秒

なお，実験に先立ち「視覚刺激による反応と聴覚刺激による反応ではどちらが素早い？」と対象生徒に質問したところ，多くの生徒は「視覚刺激による反応の方が素早い」と予想しています。

　本実験の精度はけっして高いとは言えませので，知見として確かなことを申し上げられません。しかし，それでも実験データをとりあえず使用して，何がしかの主張などを述べ合うことはできそうです。例えば，上掲の表 17－1，17－2 をもとに，各生徒の反応時間の「平均値」で視覚刺激による反応時間と聴覚刺激による反応時間を「箱ひげ図」で比べてみれば，次の図 17－2 のようになります。この図 17－2 を根拠に，「視覚刺激による反応時間は聴覚刺激による反応時間よりも短い（視覚刺激による反応の方が素早い）」などの主張が表出されるでしょう。ちなみに筆者らがプレ実験した際は，大方，聴覚刺激による反応時間が短いという結果でした。個人差はありますが，一般的に聴覚刺激による反応時間の方が視覚刺激による反応時間より短い傾向にあるようです。もしかしたら，成人と中学生とでは何か差異があるのでしょうか。

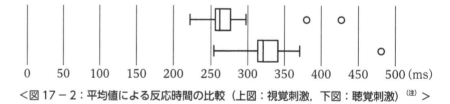

<図 17－2：平均値による反応時間の比較（上図：視覚刺激，下図：聴覚刺激）^(注)>

　一方で，データ処理の観点を「平均値」ではなく「最小値」に変えてみると，次の図 17－3 のようになります。図 17－3 における両者の第 2 四分位数（中央値）の値などを根拠に，「聴覚刺激に対する反応時間は視覚刺激に対する反応時間よりも短時間である」などの主張も考えられます。

　また，表 17－2 で，生徒 S9 の最小値は 107 (ms)，すなわち 0.107 秒です。「山勘でボタンを押したのでは…」という穿った見方もありましょうが，もしかしたら，陸上競技のスタートルールの変更につながる!? 貴重なデータの一つなのかもしれません。その他にも，表 17－1，17－2 をもとに色々な主張や仮説を出し合い楽しめそうです。

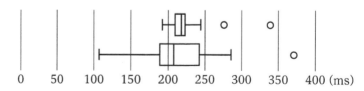

<図 17－3：最小値による反応時間の比較（上図：視覚刺激，下図：聴覚刺激）>

3 触覚刺激による反応時間の探究

視覚と聴覚に続き，以下に説明するような「ハンドシェークによる触覚刺激の反応実験」で，触覚刺激に対する反応時間を計測してみます。遊び心いっぱいに，次の図 17-4 のように n 人（A_1，A_2，…，A_n）が輪になり手をつなぎます。最初に A_1 が右手に持ったストップウォッチのスタートボタン押すと同時に A_2 とつないでいる左手を握ります。A_2 は A_1 とつないでいる右手を A_1 に握られたら，直ちに A_3 とつないでいる左手を握ります。以下，同様に手を握っていきます。その間に，A_1 は A_2 とつないでいる左手を離し，ストップウォッチを左手に持ち替え，右手を A_n の左手とつなぎます。A_n が A_1 の右を握ったら，A_1 はストップウォッチを止めます。結果として，n 回分の触覚刺激による反応時間の合計を得られます。

<図 17 - 4：ハンドシェークによる触覚刺激の反応実験モデル>

経過時間は参加人数に比例すると仮定して，反応時間の合計を参加人数分で割れば，1 回あたりの触覚刺激による反応時間を推測できます。試しに，生徒 S1 〜 S10 の 10 人で 5 回実験してみると，その反応時間は 2.28 秒，1.97 秒，1.72 秒，1.48 秒，1.38 秒でした[注]。

ここで，最短時間の 1.38 秒を採用すれば，1 回あたりの触覚刺激による反応時間を 0.13 秒と推測できます。前掲の図 17-3 の結果と比較してみると，「触覚刺激による反応は視覚や聴覚よりも素早い」と仮説できます。この意外な結果に，多くの生徒は驚くのではないでしょうか。目と耳は脳に非常に近い位置にある一方で，指先は脳からかなり離れた位置にあります。それらを考慮すれば「触覚刺激による反応時間は，視覚刺激や聴覚刺激による反応時間よりも長い」と予想してしまうのは無理もないように思います。今回は，視覚，聴覚，触覚を排他的に捉えましたが，これらを組み合わせた反応時間も調べてみたいところです。

…予想通りの数学も，予想通りでない数学も，どちらも大いに楽しみましょう！

（注）
対象：国立 A 中学校
2 年女子 10 名（S1 〜 S10）
実施日：2020 年 11 月 2 日

年　　　組　　名前

　「ハンドシェークによる触覚刺激の反応実験」を 10 名で実施したところ，1.47 秒の時間がかかりました。この実験をクラス全員 33 名で実施するとき何秒かかるか，予想しなさい。

第18話

お金もうけを楽しもう！

【賞金問題】
次の選択肢 A，B のうち，あなたはどちらを選択しますか？
　A：賞金 80 万円をもらう
　B：サイコロを 1 回投げ 2 〜 6 のいずれかの目が出れば，
　　　賞金 100 万円をもらう

【罰金問題】
次の選択肢 C，D のうち，あなたはどちらを選択しますか？
　C：罰金 80 万円を払う
　D：サイコロを 1 回投げ 2 〜 6 のいずれかの目が出れば，
　　　罰金 100 万円を払う

I お金もうけを楽しもう！

　121ページで紹介した【賞金問題】で，読者の皆さんは選択肢Ａと Ｂのどちらを選びますか。置かれた状況等によって選び方も変わるでしょうが，一般的に多くの方々はＡを選ぶ傾向にあるようです。例えば，【賞金問題】にチャレンジできる回数が1回のみで，80万円を今すぐ確実に手に入れたい状況ならば，選択肢Ａを選ぶでしょう。一方で，【賞金問題】に何度もチャレンジできる状況ではどうでしょうか。

　試しに，選択肢Ｂを選んだ場合の期待値を求めてみると次のようになります。

$$0 \times \frac{1}{6} + 100 \times \frac{1}{6} \times 100 \times \frac{1}{6} \times 100 \times \frac{1}{6} \times 100 \times \frac{1}{6} \times 100 \times \frac{1}{6}$$
$$= 83.3（万円）$$

　要するに，【賞金問題】に何度もチャレンジできる状況では，選択肢Ｂを選んだ方がより利益を得られます（83.3万円＞80万円）。また，この【賞金問題】と【罰金問題】を注意深く見比べれば，内在する数学的構造はどちらも同じであることも分かります。つまり，【罰金問題】で何度もチャレンジできる状況ではこの数学的構造を背景に選択肢Ｃを選ぶことで損失をより少なくすることができます。しかしながら実際のところ，多くの方々は【罰金問題】では選択肢Ｄを選ぶ傾向が強いようです。投資場面に照らして言えば，選択肢Ａを選ぶ行動と同様に，投資家は利益よりも損失の方に敏感に反応し，利益が出ている場合，損失回避的な利益確定の行動に走りやすいです。その一方で，選択肢Ｄを選ぶ行動と同様に，損失が出ている場合，それを取り戻そうとしてより大きなリスクを取るような投資判断をしやすいと言われています。

　ここで念のため，学校現場での金融教育（お金を通しての学び）について簡単に俯瞰しておきます。近年，学校現場における金融教育プログラムの開発が進み，生活科，社会・公民，家庭・技術，道徳等の各教科で，金融教育を従来よりも推進しやすい状況となっています。数学の授業でも，例えば複利法やローン支払いなどの題材が取り上げられたりしています。しかしながら，「学校等で金融教育を受けた」と認識している人の割合は7.2％に留まっています（金融広報中央委員会，2019年）。また，「資産を増やしたり儲けることばかりを教えるのは，子供たちの健在な心の発達を歪める危険がある」といった声もあります（日本証券業協会，2018年）。つまり，学校現場において金融教育に対する負の実態やタブー意識などが少なからず存在していると言えます。以上のような実態を踏まえれば，学校現場における金融教育の充実を今後さらに図る必要があるのではないで

しょうか。では，さっそくアンタッチャブルな「お金もうけ」を楽しみましょう！

　中学校数学の教科書では，次の図18−1のように「かけ事をする人たち（ギャンブラー）」の話題を取り上げています[注1]。かけ事（ギャンブル）の題材に対して，眉をひそめ難色を示す方々もいらっしゃるかもしれない中，「よくぞ教科書で取り上げた」と拍手したくなります（笑）。

（注1）
池田敏和ほか
（2021）
『中学校数学2』，
学校図書，p.197

深めよう！ どちらにかける？

　17世紀のヨーロッパでは，さいころの目の和についての問題が，かけ事をする人たちの頭を悩ませていました。それは，3つのさいころを同時に投げたとき，目の和が9になる場合と10になる場合では，どちらにかける方が有利かという問題です。

　この問題について考えてみましょう。

<図18−1：教科書に見られるギャンブルに係わる記述例>

　図18−1のギャンブル場面に限らず，我々は現実の生活場面において，貯蓄，ローン資産運用，保険加入など様々な金融商品の利用に係わって判断や意思決定をたびたび行っています。ここでは焦点を絞り，例えば「株式投資」でお金もうけする場面で考えてみます[注2]。

（注2）
株式投資：企業が資金を得るために発行した株式（株）を購入することで株主となり，株主権（経営に参加する権利など）を取得すること。

　株式投資で利益を得る主な方法として，インカムゲイン（income gain）とキャピタルゲイン（capital gain）と呼ばれる2つの方法があります。インカムゲインとは，株価の変動に伴って株式の売買で利益を得る方法です。端的に言えば，株式を安く購入し高く売却すれば利益を得られます[注3]。もちろん，たとえ割安感があったとしても業績悪化で成長を見込めない企業の株式を安易に購入してはいけません。一方，キャピタルゲインとは，株式を保有することで利益を得る方法です。端的に言えば，株式の保有中に得られる配当金などを言います。我が国のすべての株式会社が株主に配当金を支払っているわけではありませんが，半年ごとに配当金を支払っている株式会社がけっこうあります。

（注3）
証券会社から株式を借りて株価が高いときに売り，株価が下落したときに買い戻して利益を得る方法（空売り，信用売り）などもある。

　ここでは場面を単純化し，キャピタルゲインで利益を得る代表的な株式の3つの購入方法：「一括購入法」，「定量購入法」，「定額購入法」について，

数学的に比較検討してみます。ここでいう一括購入法とは，購入予定の株式を一まとめにして一度に買い付ける方法です。定量購入とは，定期的(例えば，毎月の特定日)に同じ株式数で買い付ける方法です。定額購入法とは，ドルコスト平均法（dollar cost averaging）とも呼ばれ，定期的に同じ購入額で買い付ける方法です。表18-1及び図18-2のように，3つの購入方法で投資資金それぞれ4000円を1月〜4月までの4か月間で運用する場合を考えてみます。

<表18-1：株式の購入例>

月	株価	一括購入法		定量購入法		定額購入法	
		株数	購入額	株数	購入額	株数	購入額
1月	100円	40株	4000円	10株	1000円	10株	1000円
2月	150円	0株	0円	10株	1500円	6.7株	1000円
3月	50円	0株	0円	10株	500円	20株	1000円
4月	100円	0株	0円	10株	1000円	10株	1000円
合計取得株数		40株		40株		46.7株	
総投資金額		4000円		4000円		4000円	
1株あたり平均購入単価		100円		100円		85.6円	
含み益		0円		0円		約672円	

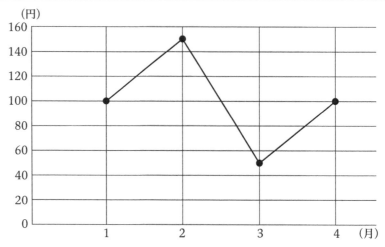

<図18-2：表18-1の株価変化（1月〜4月）のグラフ表示>

　上掲の表18-1から分かるように，株価の上下変動に伴って，定額購入法は一括購入や定量購入法よりも1株あたりの平均購入単価が低くなることから，最も有利な運用と捉えることができます。また，ざっくりと直観的に捉えれば，定額購入法では株価が高いとき購入数量が少なく，株価が低いとき購入数量が多くなります。結果，定量購入法よりも定額購入法の方が，平均購入単価が低くなり利益を得やすいとイメージできます。

ここで，表18−1の数値による帰納的な捉えや直観的な捉えをより確実にするために，次に述べるように文字を利用しても定額購入法が定量購入法より有利であることを演繹的に証明できます。

【証明】

　表18−1の株価の変動 $100 \rightarrow 150 \rightarrow 50 \rightarrow 100$（円）を $x_1 \rightarrow x_2 \rightarrow x_3 \rightarrow x_4$（円）とおく。定額購入法での毎回の購入額を a 円とすれば，購入できる株総数は $\dfrac{a}{x_1} + \dfrac{a}{x_2} + \dfrac{a}{x_3} + \dfrac{a}{x_4}$（株）となる。よって，1株あたりの購入金額は，

$$\frac{4a}{\dfrac{a}{x_1} + \dfrac{a}{x_2} + \dfrac{a}{x_3} + \dfrac{a}{x_4}} = \frac{4}{\dfrac{1}{x_1} + \dfrac{1}{x_2} + \dfrac{1}{x_3} + \dfrac{1}{x_4}} \text{（円）となる。…①}$$

　一方，定量購入法での購入株数を毎回 b 株とすれば，購入の総株数は $4b$ 株となり，購入総金額は，$bx_1 + bx_2 + bx_3 + bx_4$（円）となる。よって，1株あたりの購入金額は，

$$\frac{bx_1 + bx_2 + bx_3 + bx_4}{4b} = \frac{x_1 + x_2 + x_3 + x_4}{4} \text{（円）となる。…②}$$

ここで，①，②は相加平均と調和平均の関係から[注1]，

$$\frac{x_1 + x_2 + x_3 + x_4}{4} \geqq \frac{4}{\dfrac{1}{x_1} + \dfrac{1}{x_2} + \dfrac{1}{x_3} + \dfrac{1}{x_4}}$$

したがって，定額購入法が定量購入法よりも有利である。

【証明終】

　金融庁の奨励する「つみたてNISA」などは，この定額購入法を念頭に置いた制度です[注2]。もちろん，定額購入法で資産運用すれば，必ず最大の利益を得られるわけではありません。例えば表18−1で，仮に株価が「1月：100円→2月：120円→3月：130円→4月：150（円）」という単調な上昇トレンドの場合はどうでしょうか。この場合，定額購入法よりも一括購入法で，1月のときに株価100円で一括購入し4月に150円で株式を売却できればより利益を得られます。元手の資金をいつどれくらいの期間にどれほどの資産まで増やしたいのかなどにより，資産の運用の仕方，つまりは判断や意思決定が変わってくるように思います。

　…AIによる株売買が主流となっている昨今ですが，数学の活躍の場は，まだまだありそうです！

（注2）
つみたてNISAとは，2018年1月から開始された小額からの長期・積立・分散投資を支援するための非課税制度。
最長20年間にわたり毎年40万円まで。

（注1）
第9話参照。一般的に，次の関係（相加平均≧相乗平均≧調和平均）が成り立つ。
$x_1, \ x_2, \ \cdots, \ x_n > 0$ のとき，
$$\frac{x_1 + x_2 + \cdots + x_n}{n} \geqq \sqrt[n]{x_1 x_2 \cdots x_n} \geqq \frac{n}{\dfrac{1}{x_1} + \dfrac{1}{x_2} + \dfrac{1}{x_3} + \dfrac{1}{x_4}} \quad \text{（等号成立条件 } x_1 = x_2 = \cdots = x_n\text{）}$$

年　　　　組　　　名前

〜相加平均・相乗平均・調和平均に係わる問題〜

　次の図のような直径 $a+b$ の円 O において点 A から OA $\perp$ AB となるように点 B を円周上にとります。

(1)　円 O の半径 OC の長さを求めなさい。

(2)　線分 AB の長さを求めなさい。

(3)　点 A から線分 OB へ垂線を引きその交点を H とするとき，線分 BH の長さを求めなさい。

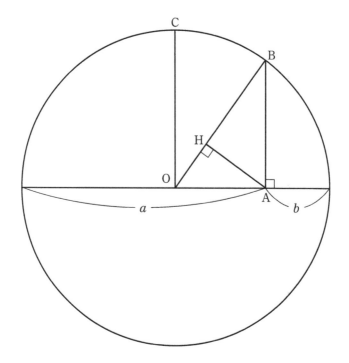

＜チャレンジ問題の解答（略解・ヒント）及び参考文献＞

【第１話】チャレンジ問題１：例えば，立てた指を a，b とおけば，

$10(a+b)+ab+100 = \cdots = (10+a)(10+b)$ となる。

・一松信ほか（2020）『みんなと学ぶ小学校算数２年下』，学校図書，p.43，p.140

・池田敏和編（2002）『中学校数学選択用・発展教材資料集』，学校図書，pp.124－127

・町田彰一郎（2018）『数学の目で見るシリーズ⑪：振り返って学び直し，先へ進める』，学校図書，教科研究数学，No.206，pp.14－15

- -

【第２話】チャレンジ問題２：例えば，縦方向，横方向に分けて，辺の数などを数え上げる。

・池田敏和ほか（2021）『中学校数学１』，学校図書，pp.66－67，p.229

- -

【第３話】チャレンジ問題３：背理法により証明する。$y=x^2$ のグラフが折れ線であると仮定し，$y=x^2$ 上で十分に近い２点 $A(a,\ a^2)$，$B(b,\ b^2)$ を考える。２点 A，B の中点 $\left(\dfrac{a+b}{2}, \dfrac{a^2+b^2}{2}\right)$ も $y=x^2$ 上にあり，$\dfrac{a^2+b^2}{2} = \left(\dfrac{a+b}{2}\right)^2$ となる。よって $(a-b)^2=0$ より，$a=b$。したがって，２点 A，B が重なる不合理を生じることから，$y=x^2$ のグラフは折れ線にならない。

・池田敏和ほか（2021）『中学校数学１』，学校図書，p.146，pp.148－150

- -

【第４話】チャレンジ問題４：A, B, C の優勝する確率をそれぞれ $P(A)$，$P(B)$，$P(C)$ とすると，

$P(C) = \dfrac{1}{4} + \dfrac{1}{4} \times \dfrac{1}{8} + \dfrac{1}{4} \times \left(\dfrac{1}{8}\right)^2 + \dfrac{1}{4} \times \left(\dfrac{1}{8}\right)^3 + \cdots = \dfrac{2}{7}$ となる。

$P(A)+P(B)+P(C)=1$ より，$P(A)=P(B)=\dfrac{5}{14}$

＜表：Aが１回戦で勝ち，巴戦が続く例＞

	1	2	3	4	5	6	7	…
A	勝	負		勝	負		勝	…
B	負		勝	負		勝	負	…
C		勝	負		勝	負		…

＜表：Aが１回戦で負け，巴戦が続く例＞

	1	2	3	4	5	6	7	…
A	負			負			負	…
B	勝	負	勝	勝	負	勝	勝	…
C		勝	負		勝	負		…

Aが２回目で優勝する確率 $P(A2)=\dfrac{1}{4}$		$P(C3)=\dfrac{1}{4}$	
$P(B2)=\dfrac{1}{4}$		$P(A4)=\dfrac{1}{16}$	$P(A5)$ $\dfrac{1}{4} \times \dfrac{1}{8}$ / $P(C6)$ $\dfrac{1}{4} \times \dfrac{1}{8}$
		$P(B4)=\dfrac{1}{16}$	$P(B5)$ $\dfrac{1}{4} \times \dfrac{1}{8}$ / $P(A7)$ / $P(B7)$ / …

＜図：巴戦の視覚的な捉え＞

- 池田敏和ほか（2021）『中学校数学 3』，学校図書，p.65
- 大澤弘典，信夫智彰（2017）『場面相似形の教材化の試み：トランプゲームのババ抜きの場面を焦点に』，数学教育学会 2017 年度秋季例会予稿集，pp.107−109
- 京都大学（1995）『京都大学後期入学試験（理 5）』

- -

【第 5 話】チャレンジ問題 5 (1)：$a = 50$，$b = 4$，$c = 2$

チャレンジ問題 5 (2)：例えば，次の左図のように文字 a，b を利用して方程式をつくり，各正方形の 1 辺の長さを求める（下図右）。

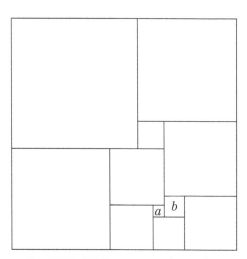
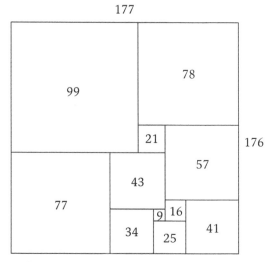

- DUIJVESTIJN,A.J.W.（1978）Simple perfect squared square of lowest order, *Journal of Combinatorial Theory, Series B* 25, pp.240−243
- ヘンリー・アーネスト・デュードニー（2009）『カンタベリーパズル（初版 1907，伴田良輔訳）』，ちくま学芸文庫，pp.248−250
- マーチン・ガードナー（2015）『ガードナーの数学娯楽（岩沢宏和・上原隆平監訳）』，日本評論社，pp.221−245

- -

【第 6 話】チャレンジ問題 6：解は存在する。例えば，各リングの和が −2 の場合，

$(a, b, c, d, e, f, g, h, i) = (0, -2, 4, -4, 3, -1, 2, -3, 1)$，

各リングの和が 2 の場合，

$(a, b, c, d, e, f, g, h, i) = (-1, 3, -2, 1, -3, 4, -4, 2, 0)$

- 池田敏和ほか（2021）『中学校数学 1』，学校図書，p.279
- 大澤弘典（2016）『算数（数学）の教材の創り方』，平成 28 年度免許更新講習資料 (実施日：2016 年 8 月 1 日，実施会場：山形大学)

- -

【第7話】 チャレンジ問題7：つくれない。1～100 までの自然数について，奇数の個数に着目する。

- 池田敏和ほか（2021）『中学校数学2』，学校図書，p.26
- 大澤弘典，信夫智彰（2017）『連続数の和に係わる教材開発』，東北数学教育学会年報，第48号，pp.66－75

【第8話】 チャレンジ問題8：省略（作題例を参照）。

- 池田敏和ほか（2021）『中学校数学2』，学校図書，p.224
- 一松信（2006）『整数をあそぼう』，日本評論社，pp.54－55
- 福島讓二（2015）『1次関数：グラフから場面を読み取る』，山形大学附属中学校教育実践，pp.50－53

【第9話】 チャレンジ問題9：図のように周りの長さが12の正十二角形を12等分し二等辺三角形OABの面積を考える。△OABの点Aから辺OBへ下ろした垂線の交点をHとし， AH＝x とおくと，△ABHで AH^2＋BH^2＝AB^2

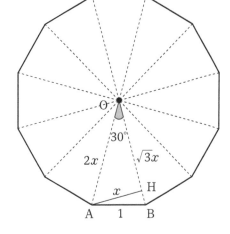

- 服部泰（1979）『最大・最小』，共立出版，数学ワンポイント双書24
- 一松信ほか（2020）『みんなと学ぶ小学校算数4年下』，学校図書，p.41

【第10話】 チャレンジ問題10：任意の井戸の位置に対して，宝の位置は一点に定まる。

松の木 $(0, 0)$，石碑 $(a, 0)$ のとき，宝 $\left(\dfrac{a}{2}, \dfrac{a}{2}\right)$ となる。

- David Acheson（2002）1089 and all that：A journey into mathematics.Oxford University Press, pp.16－18
- 池田敏和ほか（2021）『中学校数学3』，学校図書，p.185
- 小林邦弘（2017）『証明への意欲を高める授業の考察：作図をもとにした図形の学習を通して』，山形大学大学院教育実践研究科年報，第8号，pp.158－165
- George Gamow（1992）『宇宙＝1, 2, 3…無限大（崎川範行，伏見康治，鎮目恭夫訳）』，白揚社，pp.42－45
- 日本数学教育学会（2016）『第1回数学授業づくり研究会：数学的活動の充実をめざして』，pp.13－15
- 山平亮太（2020）『新たな問いを生み出す教材の開発：作図問題「宝さがし」の解決過程の分析を通して』，山形大学大学院教育実践研究科年報，第11号，pp.236－239

【第 11 話】チャレンジ問題 11：4 点 A, E, B, D は同一円周上にあるから，円周角の定理より，∠ DAB＝∠ DEB（＝60 度），∠ BAE＝BDE（＝60 度）。

・池田敏和ほか（2021）『中学校数学 3』，学校図書，p.190

・大澤弘典（2018）『生徒の問いを発生させるための試案：作図問題における思考の道具を視点に』，数学教育学会 2018 年度春季年会予稿集，pp.57－59

- -

【第 12 話】チャレンジ問題 12⑴：言える（証明省略），

チャレンジ問題 12⑵：言えない（右図参照）。

・池田敏和ほか（2021）『中学校数学 2』，学校図書，p.165

・大澤弘典（2019）『平行四辺形になるための条件に関わる一考察』，数学教育学会，夏季研究会（関東エリア）発表論文集，pp.8－11

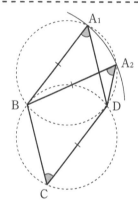

- -

【第 13 話】チャレンジ問題 13：P′P″＝2×（紙幅）となる 2 点 P′，P″ をとり，線分 P′P″ の垂直二等分線（MN）を折り目として折る。

・池田敏和ほか（2021）『中学校数学 2』，学校図書，p.153

・三矢七八（1944）『面白く独習出来る数学書　頭の本』，航研書房，pp.3－88

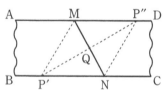

- -

【第 14 話】チャレンジ問題 14：$f(n)=2^n+1$，$g(n)=2^n-1$，$h(n)=2^n$ などの関係式より，$g(n)+h(n)=g(n+1)$

・大澤弘典（2009）『「折り重ね切り問題」の教材化についての一考察』，東北数学教育学会年報，第 40 号 2009，pp.85－91

- -

【第 15 話】チャレンジ問題 15：平行四辺形となる。

・大澤弘典（2010）『「正四面体の切り開き問題」の教材としての可能性』，東北数学教育学会年報，第 41 号，pp.102－109

- -

【第 16 話】チャレンジ問題 16：$\sin x = \dfrac{\mathrm{HP}}{\mathrm{OP}} = \dfrac{\mathrm{PQ} \times \sin \alpha}{\mathrm{OP}}$

$= \dfrac{\mathrm{OP} \times \sin \beta \times \sin \alpha}{\mathrm{OP}} = \sin \alpha \times \sin \beta$

・大澤弘典（2016）『CUN 課題の教材開発に関する一考察：東京スカイツリーに関する新聞記事を素材に』，東北数学教育学会年報，第 47 号，pp.51－60

・一松信ほか（2020）『みんなと学ぶ小学校算数 6 年』，学校図書，p.139

・読売新聞社（2015）『読売新聞』，平成 27 年 12 月 23 日朝刊 33 頁

- -

【第 17 話】チャレンジ問題 17：$1.47 \div 10 \times 33 \fallingdotseq 4.85$（秒）

・池田敏和ほか（2021）『中学校数学 1』，学校図書，p.232

・日本陸上競技連盟（2020）『陸上競技ルールブック 2020』，pp.227－235

- -

【第 18 話】チャレンジ問題 18：(1) $\dfrac{a+b}{2}$，(2) 三平方の定理より，$\sqrt{ab}$，

(3) $\triangle \mathrm{OAB} \backsim \triangle \mathrm{AHB}$ より，$\dfrac{2ab}{a+b} \left(= \dfrac{2}{\dfrac{1}{a} + \dfrac{1}{b}} \right)$

・大澤弘典，坂口隆之，田中結里安（2020）『学校現場における金融教育の可能性と課題：数学の授業を核とした題材の検討』，2020 年度数学教育学会秋季例会予稿，pp.36－38

・金融広報中央委員会（2019）『金融リテラシー調査』，
https://www.shiruporuto.jp/public/data/survey/literacy_chosa/
（最終閲覧日 2020 年 4 月 8 日）

・日本証券業協会（2018）『証券投資に関する全国調査調査結果概要)』，
https://www.jsda.or.jp/shiryoshitsu/toukei/data/research_h30.html（最終閲覧日 2020 年 4 月 8 日）

【著者】

大澤 弘典（おおさわ ひろのり）

東北大学大学院教育学研究科博士課程修了，
博士（教育学）
現在，山形大学学術研究院教授（大学院教育実践研究科担当）
中学校数学教科書（学校図書）執筆者

【受賞】
山形大学ベストティーチャー賞（2009 年）
ひらめき☆ときめきサイエンス推進賞（2018 年）
山形大学優秀教育者賞（2019 年）
【著書】
『生活の中の数学』（学校図書）ほか

［装丁］　大久保 浩
［本文デザイン・レイアウト］　ビー・ライズ

教科書を 10 倍に楽しもう！
～中学校数学編～

2021 年 4 月 1 日　初版第 1 刷発行

著　者　大澤弘典
発行者　芹澤克明
発行所　学校図書株式会社
　　　　〒 114-0001　東京都北区東十条 3-10-36
　　　　電話　03-5843-9433　　URL　https://gakuto.co.jp

ISBN978-4-7625-0107-4　C3041　￥2200E